I0028523

Aurélie Durgeau

Étude de l'antigène tumoral préprocalcitonine

Aurélie Durgeau

Étude de l'antigène tumoral préprocalcitonine

Régulation de l'apprêtement de l'épitope ppCT16-25 par les transporteurs TAP et identification de nouveaux peptides

Presses Académiques Francophones

Impressum / Mentions légales
Bibliografische Information der Deutschen Nationalbibliothek: Die Deutsche Nationalbibliothek verzeichnet diese Publikation in der Deutschen Nationalbibliografie; detaillierte bibliografische Daten sind im Internet über http://dnb.d-nb.de abrufbar.

Information bibliographique publiée par la Deutsche Nationalbibliothek: La Deutsche Nationalbibliothek inscrit cette publication à la Deutsche Nationalbibliografie; des données bibliographiques détaillées sont disponibles sur internet à l'adresse http://dnb.d-nb.de.

Coverbild / Photo de couverture: www.ingimage.com

Verlag / Editeur:
Presses Académiques Francophones
ist ein Imprint der / est une marque déposée de
AV Akademikerverlag GmbH & Co. KG
Heinrich-Böcking-Str. 6-8, 66121 Saarbrücken, Deutschland / Allemagne
Email: info@presses-academiques.com

Herstellung: siehe letzte Seite /
Impression: voir la dernière page
ISBN: 978-3-8381-7844-8

UFR Sciences du Vivant
Bâtiment Lamarck
35, rue Hélène Brion
75013 Paris

Institut Gustave Roussy
Unité INSERM 753
114 rue Edouard Vaillant
94805 Villejuil

THÈSE DE DOCTORAT DE L'UNIVERSITÉ PARIS 7 - DENIS DIDEROT

École Doctorale B3MI – Biochimie, Biothérapies, Biologie Moléculaire et Infectiologie

Spécialité : **Immunologie**

Présentée par
Mlle Aurélie DURGEAU

Pour obtenir le titre de Docteur de l'Université Paris 7

La préprocalcitonine : Régulation de l'apprêtement de l'épitope tumoral $ppCT_{16\text{-}25}$ par les transporteurs TAP et identification de nouveaux peptides antigéniques

Soutenue le 12 Juin 2012 devant le jury composé des :

Pr. Mireille VIGUIER	Présidente
Pr. Pierre COULIE	Rapporteur
Pr. Peter VAN ENDERT	Rapporteur
Dr. Benjamin BESSE	Examinateur
Dr. Fathia MAMI-CHOUAIB	Directrice de thèse

A mes parents,
pour m'avoir soutenue toutes ces années,
sans vous je n'aurais jamais pu en arriver là....

A mon grand père,

tu es parti beaucoup trop tôt

mais tu resteras à tout jamais dans mon coeur

A mon frère et ma belle sœur,
vous ne serez pas présents à ma soutenance,
mais je sais que j'aurai tout votre soutien...

A ma nièce,
qui vient de venir au monde ...

Remerciements

J'exprime ma sincère reconnaissance à l'ensemble des membres du jury pour avoir accepté de juger ce travail de thèse : Je remercie le Pr Mireille Viguier de m'avoir fait l'honneur de présider ce jury. J'adresse mes remerciements au Pr Pierre Coulie et au Pr Peter van Endert pour avoir eu la gentillesse d'être rapporteurs de ce travail. Je remercie également le Dr Benjamin Besse d'avoir accepté de participer à ce jury en qualité d'examinateur.

J'adresse tous mes respects au Dr Salem Chouaib et le remercie de m'avoir accueillie dans l'unité 753 qu'il dirige.

Je tiens à exprimer ma gratitude au Dr Fathia Mami-Chouaib qui m'a accueillie au sein de son équipe et qui a dirigé mon travail pendant mes 4 années de thèse. Je la remercie de m'avoir financée durant les 2 premières années et pour la confiance qu'elle m'a accordée au cours de ces années.

Je tiens particulièrement à remercier Christine Leroy, notre secrétaire, sans qui l'unité aurait bien du mal à fonctionner correctement.

J'adresse mes remerciements aux Dr Saoussen Karray, Dr Jean-henri Bourhis, Dr Sophie Gad, Dr Sophie Couve et au Pr Stéphane Richard.

J'adresse un grand merci à la Fathia's Team, pour les bons moments que nous avons passés tous ensembles :

Un grand merci à Isabelle Vergnon pour m'avoir initiée à la culture cellulaire, ainsi que de sa gentillesse et des nombreuses discussions que nous avons eues.

Je tiens également à remercier particulièrement le Dr Mouna Tabbeck, ma voisine de bureau et colocataire de la pièce culture, pour toutes nos discussions sous hotte ainsi que d'avoir supporté ma maniaquerie dans la pièce culture. Je te remercie sincèrement car sans toi, cette fin de thèse aurait été beaucoup plus compliquée. Merci d'avoir pris le relais pour gérer le projet pendant la rédaction de

cette thèse. Merci aussi à Mouna et à Marie Boutet, pour nos fous rires mais aussi pour avoir supporté mon humeur et mes discussions souvent peu passionnantes. Je souhaite bon courage à Marie qui va entrer dans sa dernière année de thèse.
Bon courage également à M'Barka Mokrani et à Fayçal Djenidi pour leur fin de thèse, et à Sarah Rio pour le début de la sienne.

Une dédicace toute particulière à Thibault Carré, qui malgré un grand nombre de difficultés au cours de sa thèse ne se décourage pas et qui va bientôt pouvoir soutenir la sienne. Je lui souhaite également tout mes vœux de bonheur pour son mariage imminent.

Je voudrais remercier le Dr Jérôme Thiery pour toutes les discussions pendant nos petites pauses, pour ses précieux conseils et pour m'avoir soutenue pendant la rédaction de ce manuscrit. Je voudrais également le féliciter pour le poste de CR qu'il vient d'obtenir.

J'exprime également une bonne continuation à Arash Nanbakhsh, qui passe sa vie au labo. Ne perd pas espoir, le bout du tunnel n'est plus très loin pour toi. Je souhaite également une bonne continuation à Marie Vetizou qui nous quitte prochainement.

Je souhaite bon courage à ceux qui vont bientôt soutenir leur thèse, Muhammed-Zaeem Noman, Intissar Akalay, Sanam Peyvandi.

Je souhaite aussi remercier affectueusement les nombreuses autres personnes présentes dans le laboratoire et je leur souhaite le meilleur pour la suite : Abderamane Abdou, Stéphanie Buart, Jane Muret, Meriem Hasmim, Yosra Messai, ainsi que ceux que j'oublierais de citer.

Bien sur, j'exprime toute ma reconnaissance à ceux et celles qui sont partis du labo mais que je n'oublierai jamais. Un grand merci au Dr Audrey Le Floc'h et au Dr Katarzyna Franciszkiewicz. Même si maintenant vous n'êtes plus au laboratoire, je n'oublierai jamais tous ces précieux moments que nous avons passés ensemble, de tous les conseils, scientifiques ou non, que vous m'avez apportés. C'est avec joie que je pense à vous et votre présence et votre bonne humeur me manque jour après jour.Je remercie aussi le Dr Faten El Hage pour ses conseils avisés sur le projet qui était autrefois le sien, ainsi que le Dr Ahmed Hamai, pour sa culture et ses conseils, et le Dr Houssem Benlalam qui par ses conseils, m'a permis de mieux gérer la deuxième partie de mon projet de thèse. Je pense très fort à Geraldine Visentin, au Dr Charline Ladroue et à Gaëlle Dufayet-Chaffaud, ma petite Bubulle, avec qui j'ai pu partager un grand nombre de fous rires, de discussions passionnantes sur la gym, et sur bien d'autres sujets.

Je tiens à remercier la société Emeraude Internationale pour son soutient financier lors de ma première année de thèse. Je remercie également l'Association pour la recherche sur le Cancer (ARC) pour son soutien financier lors de ma troisième et ma quatrième année ce qui m'a permis de finaliser ce travail de thèse dans les meilleurs conditions.

Enfin, je remercie ma famille et tous mes amis pour m'avoir encouragée tout au long de mes études, même lorsque je baissais les bras. Vous m'avez soutenue (et bien souvent supportée) pendant ces 4 ans, et j'ai beaucoup de chance de vous avoir tous auprès de moi.

TABLE DES MATIERES

TABLE DES ILLUSTRATIONS

LISTE DES TABLEAUX

LISTE DES ABREVIATIONS

aa	*acides aminés*
Ac	*Anticorps*
Actn-4	*α-actinine 4*
ADN	*Acide desoxynucléique*
Ag	*Antigène*
APC	*Cellule Présentatrice d'Antigènes*
ARN	*Acide ribonucléique*
β2m	*Bêta 2 microglobuline*
CBNPC	*Cancer Bronchique Non à Petites Cellules*
CBPC	*Cancer Bronchique à Petites Cellules*
CDR	*« Complementarity Determining Region »*
CGRP	*« Calcitonin Gene Related Peptide »*
CMH	*Complexe Majeur d'Histocompatibilité*
CT	*Calcitonine*
CTL	*Lymphocyte T Cytotoxique*
CTLA-4	*« Cytotoxic T Lymphocyte Antigen 4 »*
CRT	*Calréticuline*
DAMP	*« Damage-Associated Molecular Pattern »*
DC	*Cellule Dendritique*
EGF	*« Endothelial Growth Factor »*
ERAP	*« Endoplasmic Reticulum AminoPeptidase »*
Gr	*Granzyme*
HLA	*« Human Leucocyte Antigen »*
IFN	*Interferon*
Ig	*Immunoglobuline*
IL	*Interleukine*
LMP	*« Low Molecular weight Protein »*
MTC	*Cancer Médullaire de la Thyroïde*
NBD	*Domaine de liaison nucléotidique «nucleotide-binding domain »*
PA28	*« Proteasome Activator 28 »*
PBMC	*« Peripheral Blood Mononuclear Cells »*
PAMP	*« Pathogens Associated Molecular Patterns »*
PD-1	*« Programmed cell Death-1 »*
PLC	*Complexe de chargement Peptidique*
ppCT	*Préprocalcitonine*
PRR	*« Pattern-Recognition Receptors »*
RE	*Reticulum Endoplasmique*
SI	*Synapse Immunologique*
SP	*Signal Peptidase*
SPP	*Signal Peptide Peptidase*
TAA	*Antigène Associé aux Tumeurs « Tumor associated Antigen »*

TAP	*« Transporter-associated with antigen processing »*
TCR	*« T Cell Receptor »*
TIL	*Lymphocyte Infiltrant la Tumeur*
TLR	*« Toll Like Receptor »*
TMD	*Domaine transmembrainaire « transmembrane domain »*
TNF	*« Tumor Necrosis Factor »*
Tnp	*Tapasine*
Treg	*T régulateur*
VEGF	*« Vascular Endothelial Growth Factor »*

AVANT-PROPOS

Les avancées réalisées dans le domaine de l'immunologie antitumorale ont permis de valider le concept de l'immunosurveillance en démontrant la réactivité du système immunitaire face aux cellules malignes. L'identification des premiers antigènes associés aux tumeurs (TAA) et la découverte de lymphocytes spécifiques de ces antigènes (Ag) à la fois à la périphérie et infiltrant la tumeur laisseraient penser que cette réponse est suffisante pour éliminer la tumeur. Néanmoins, la mise en place d'une réponse immunitaire spécifique n'induit pas forcément l'élimination de la tumeur. En effet, cette réponse reste la plupart du temps inefficace. L'identification des mécanismes d'échappement utilisés par les cellules tumorales a permis de mieux comprendre l'inefficacité du système immunitaire à éradiquer la tumeur.

C'est dans ce contexte que les immunothérapies anticancéreuses ont évolué afin de prendre en compte ces différents paramètres. L'approche immunologique a permis aux traitements anticancéreux d'être plus ciblés et de plus en plus spécifiques des cellules tumorales, grâce en particulier à la découverte des TAA. Cette approche a aussi permis d'optimiser la réponse antitumorale en potentialisant la réponse cytotoxique et en ciblant les mécanismes d'échappement utilisés par les cellules tumorales. Ainsi différents vaccins thérapeutiques ont été développés. Néanmoins, de manière générale les succès des essais d'immunothérapie actuels restent limités. Une des principales causes de ces échecs est l'insuffisance de l'immunogénicité des Ag tumoraux utilisés. Il est donc nécessaire de mieux comprendre les mécanismes régulant la présentation des Ag par les cellules tumorales et d'identifier de nouveaux épitopes plus immunogènes. C'est dans cette optique que s'inscrivent les travaux réalisés au cours de ma thèse. Mes travaux de recherche visent à comprendre la régulation des voies d'apprêtement des Ag tumoraux en particulier celle d'un épitope issu de la préprocalcitonine. Au cours de ma thèse, je me suis aussi intéressée à l'identification de nouveaux épitopes issus de cet Ag pour des perspectives thérapeutiques.

La première partie de ce manuscrit résume les connaissances actuelles sur le développement d'une réponse immunitaire efficace, la présentation des antigènes tumoraux et les mécanismes d'échappement mis en place par les cellules tumorales. Elle aborde aussi les différentes approches d'immunothérapie antitumorale en particulier celles développées dans le cancer bronchique non à petites cellules. La deuxième partie inclut l'ensemble de mes résultats suivi par une discussion.

INTRODUCTION

INTRODUCTION

Le concept d'immunosurveillance a été émis pour la première fois au début du vingtième siècle par Ehrlich (1909), puis repris en 1957 par Burnet et Thomas grâce aux avancées sur la transplantation d'organe et la découverte des antigènes associés aux tumeurs (TAA) (Burnet, 1957). Selon ce concept, des cellules tumorales apparaissent à une fréquence élevée continuellement au cours de la vie mais le système immunitaire, via la réponse adaptative et principalement par les lymphocytes T, est capable de les reconnaître et de les éliminer avant qu'elles ne deviennent cliniquement détectables (Burnet, 1957); (Old and Boyse, 1964); (Klein, 1966); (Burnet, 1970); (Thomas, 1982). Néanmoins, cette hypothèse a été largement controversée jusqu'en 1991, où le développement des modèles animaux et les travaux de l'équipe de Thierry Boon ont permis à la communauté scientifique de l'accepter (van der Bruggen et al., 1991). Depuis, de nombreuses équipes cherchent à identifier les acteurs et les mécanismes impliqués dans ce processus d'immunosurveillance.

I. MISE EN PLACE DE LA REPONSE IMMUNITAIRE ANTITUMORALE

L'immunosurveillance antitumorale est assurée par les deux types de réponses immunitaires, la réponse innée et la réponse adaptative. En effet, même si la réponse adaptative est primordiale pour éradiquer les cellules tumorales, la réponse innée est la première à être mise en place et à initier la réponse immunitaire.

Les acteurs de l'immunité innée, comme les cellules dendritiques (DC), les « *natural killer* » (NK), les NKT et les macrophages, expriment à leur surface des récepteurs, les PRR (« *pattern-recognition receptors* ») par lesquels ils peuvent reconnaître certains motifs moléculaires très conservés qui ne sont pas exprimés sur les cellules saines, les PAMPs (« *pathogens associated molecular patterns* ») ou les DAMPs (« *damage associated molecular patterns* »). Ces derniers incluent les protéines du choc thermique (HSP), les HMGB1 (« *High Mobility Group Box 1 protein* »), la β-défensine et l'acide urique (Chen et al., 2007). Il existe plusieurs catégories de PRR : ceux permettant la reconnaissance des pathogènes et induisant la phagocytose et la présentation des antigènes (Ag), comme les « *scavenger receptor* » ou les lectines de type C (CLR) (pour revue (Geijtenbeek et al., 2004), et ceux impliqués dans l'activation des lymphocytes comme les « *Toll like receptor* » (TLR) ou les « *Nod-Like Receptor* » (NLR) (pour revue (Martinon et al., 2009). La reconnaissance des PAMPs par ces PRRs permet d'enclencher une cascade de signalisation au sein des cellules de l'immunité innée provoquant au final la sécrétion de cytokines et une lyse cellulaire non-spécifique. L'environnement inflammatoire ainsi mis en place permet le recrutement d'autres cellules de la réponse innée, mais aussi des cellules de la réponse adaptative. En 1999, Charles Janeway a proposé une théorie intégrative suggérant une liaison étroite entre ces deux types de réponses (Medzhitov and Janeway, 1999). Il est désormais admis que les cellules présentatrices d'Ag ou APC (« *antigen presentatrice cells* »), en particulier les DC, constituent l'interface entre la réponse immunitaire innée et la réponse immunitaire adaptative (Figure 1).

Mes travaux de thèse portant exclusivement sur la réponse adaptative, en particulier sur les lymphocytes T CD8, je ne développerai donc que les cellules de la réponse innée qui sont impliquées dans leur activation, notamment les DC.

A. Les cellules dendritiques à l'interphase de la réponse innée et de la réponse adaptative

C'est en 1868 que Paul Langerhans observa pour la première fois des cellules à terminaison nerveuse dans l'épiderme, qu'il nomma cellule de Langerhans. Mais ce n'est qu'en 1973 que le nom de DC fut donné par Steinman et Cohn, après l'identification et la caractérisation de leur fonction (Steinman and Cohn, 1973). Les DC sont les seules APC professionnelles, car elles ont la capacité d'activer les lymphocytes T naïfs et de créer une mémoire lymphocytaire à long terme (Steinman, 1991); (Banchereau and Steinman, 1998); (Steinman, 2003). On retrouve ces cellules dans tous les tissus de l'organisme, ainsi qu'au niveau des organes lymphoïdes primaires et secondaires assurant ainsi le développement et l'initiation de la réponse immunitaire adaptative.

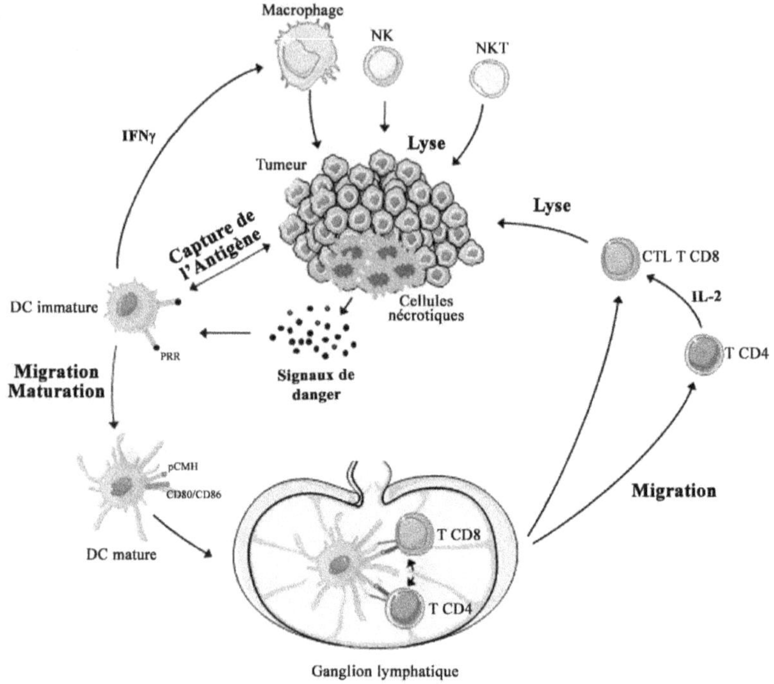

Fgure 1 : La réponse immunitaire antitumorale

Lors du développement tumoral, les effecteurs de l'immunité innée (macrophages, NK et NKT) lysent certaines cellules cancéreuses de manière non spécifiques, relarguant dans le microenvironnement tumoral des Ag tumoraux qui seront ensuite capturés par les DC immatures. En présence de signaux de danger (PAMPs / DAMPs reconnus par les PRR) les DC ayant capturé l'Ag acquièrent la capacité de maturer et présenter efficacement les peptides antigéniques. Elles migrent ensuite au niveau des ganglions lymphatiques, où elles activent les lymphocytes T de l'immunité adaptative. Les lymphocytes T $CD4^+$ ont un rôle auxiliaire dans l'initiation et le maintien de la réponse antitumorale. Après leur activation par les DC, les lymphocytes T $CD8^+$ se différentient en effecteurs cytotoxiques spécifiques du peptide antigénique présenté par la DC, puis migrent au niveau du site tumoral pour lyser les cellules cancéreuses présentant cet Ag.

Au cours des années qui ont suivi leur identification, un grand nombre de sous-populations de DC ont été caractérisées, selon leur localisation, leur origine et leur capacité intrinsèque à capturer et à présenter les Ag (voir la revue (Shortman and Liu, 2002). Malgré cette diversité, les DC ont été regroupées en deux grandes sous-populations : les DC conventionnelles, regroupant toutes les DC ayant un précurseur myéloïde commun, et les DC plasmacytoïdes.

Les différences entre ces deux populations de DC sont surtout leur PRR ainsi que leur réponse à une invasion microbienne ou virale. En effet, les deux sous-populations de DC expriment des TLR différents. Ainsi, tandis que les DC conventionnelles expriment les TLR-1, -2, -3, -4, -5, -6, -8 et -10 reconnaissant les bactéries à la surface cellulaire, les DC plasmacytoïdes expriment les TLR-1, -6, -7, -9 et -10 reconnaissant les virus et les bactéries dans les compartiments endosomaux (Jarrossay et al., 2001); (Ito et al., 2005). Cette hétérogénéité permet aux DC d'avoir une adaptation efficace de leur fonction suivant le type d'agression et le type de microenvironnement. Cette adaptation est indispensable pour le fonctionnement du système immunitaire et est indissociable de leur utilisation en immunothérapie.

1. La capture des antigènes

Dans un contexte non inflammatoire, les DC se trouvent dans un état immature. Dans cet état, elles disposent d'une grande capacité à reconnaître et à capturer les Ag, mais elles ont une faible capacité d'activer les lymphocytes T. Toutes les populations de DC n'ont pas les mêmes propriétés de capture antigénique. En effet, les DC plasmacytoïdes posséderaient de plus faibles capacités de capture des Ag par rapport aux DC conventionnelles. En effet, elles semblent moins efficaces pour l'endocytose d'Ag solubles ou cellulaires, mais sont capables de capturer du matériel cellulaire provenant de cellules vivantes exposées au virus de l'Influenza (Lui et al., 2009).

Les DC reconnaissent les microorganismes, les cellules infectées ou les cellules en apoptose grâce à leur PRR. Selon le type de DC, les PRR varient : ainsi les DC plasmacytoïdes expriment le récepteur CLR de type « *Blood DC Antigen 2* » (BDCA2) (Gopcsa et al., 2005) ; la langérine/CD207 est spécifique des cellules de Langerhans (Valladeau et al., 2002) ; et le « *C-Specific Intercellular adhesion molecule-3-Grabbing Non-integrin* » (DC-SIGN) est spécifique des DC interstitielle (Puig-Kroger et al., 2004). Tous ces récepteurs reconnaissent des PAMPs/DAMPs différents et leur engagement entraîne une cascade spécifique de signalisation aboutissant à un profil particulier d'expression génique. Ces récepteurs délivrent des signaux moléculaires distincts engendrant des types d'activation variés et donc une réponse immunitaire adaptée au danger identifié.

La stimulation par des cytokines inflammatoires permet aux DC immatures de capturer et d'apprêter une grande variété d'Ag grâce à des récepteurs membranaires. Les DC immatures expriment de nombreux récepteurs qui facilitent la capture des Ag tels que le récepteur du mannose qui peut se lier à de nombreuses glycoprotéines mannosylées ; les récepteurs pour le fragment constant des IgG (FcγRI) ou des IgE (FcεRII) ce qui permet de capturer des Ag associés à des immunoglobulines (Ig) sous forme de complexes immuns ; les récepteurs « *scavengers* » qui se lient aux lipoprotéines modifiées et permettent leur phagocytose ; les récepteurs pour les corps apoptotiques et ceux du complément. La capture de l'Ag varie selon sa nature et implique des récepteurs et des mécanismes différents. Ainsi, les DC capturent les Ag solubles par micro-pinocytose ou macro-pinocytose, alors que pour les Ag solides et les débris cellulaires, les DC utilisent soit le mécanisme d'endocytose assuré par des récepteurs dépendants de la clathrine, soit la phagocytose, un mécanisme d'endocytose dépendant de la polymérisation de l'actine et formant des pseudopodes autour de l'Ag.

La présence des PAMP/DAMP n'est pas forcément nécessaire aux mécanismes d'endocytose cités ci-dessus ni à la migration des DC jusqu'aux organes lymphoïdes. Ils sont par contre indispensables pour l'activation et/ou la maturation des DC.

2. Maturation et migration des cellules dendritiques

Après avoir capturé l'Ag, les DC migrent dans les ganglions lymphatiques et achèvent en même temps leur maturation, car seules les DC matures présentent efficacement les Ag aux lymphocytes T. La maturation et la migration des DC sont deux processus qui ont lieu le plus souvent simultanément. Néanmoins, la migration de DC immatures des tissus périphériques vers les organes lymphoïdes secondaires est possible, mais aboutit, dans ce cas, à un processus de tolérance (Cools et al., 2007).

La maturation des DC comprend plusieurs événements coordonnés : des changements morphologiques, de cytosquelette et de mobilité ; la perte des capacités de phagocytose/endocytose et de sécrétion des chimiokines ; la surexpression des molécules de costimulation (telles que CD40 et les membres de la famille B7, CD80 et CD86) et d'adhérence ; la translocation des molécules du complexe majeur d'histocompatibilité de classe I et de classe II (CMH-I et CHM-II) à la surface de la cellule et la sécrétion de cytokines qui polarisent les effecteurs immunitaires. De plus, leur activation est suivie d'un changement radical dans le répertoire des récepteurs aux chimiokines qu'elles expriment à leur surface, permettant ainsi leur migration. En effet, la maturation des DC est associée à la diminution d'expression des récepteurs de chimiokines inflammatoires et à l'expression de CCR7. Grâce à ce changement d'expression des récepteurs, les DC quittent les tissus inflammatoires et entrent dans la circulation lymphatique qui les conduit vers les ganglions. Elles peuvent alors délivrer aux lymphocytes T les signaux d'activation, de prolifération et de différenciation qui leur sont nécessaires.

B. Les lymphocytes T cytotoxiques, acteur majeur de la réponse antitumorale

L'interaction entre les lymphocytes T CD8 naïfs et les DC a lieu dans les organes lymphoïdes secondaires. Les lymphocytes T naïfs circulent continuellement vers ces organes lymphoïdes secondaires où ils arrivent par la circulation sanguine (von Andrian and Mempel, 2003). Ils y pénètrent à travers des cellules endothéliales spécialisées par un processus actif faisant intervenir les molécules d'adhésion LFA-1 (CD11a/CD18) et L-sélectine (CD62L), ainsi que le CCR7. L'expression de ce récepteur par les lymphocytes T naïfs et par les DC leur permet de réagir au gradient de concentration de la chimiokine CCL21 et ainsi d'être attirés vers la zone lymphocytaire T du ganglion lymphatique, où elles interagissent. Les lymphocytes T naïfs balayent alors la surface des DC présentes. Ils peuvent établir des liaisons non spécifiques grâce à l'interaction de LFA-1 avec son ligand, la molécule d'adhésion ICAM-1 (« *Intercellular adhesion molecule-1* »), ou de CD2 avec son ligand LFA-3 (« *lymphocyte function-associated antigen-3* ») présent sur les DC. Si aucune liaison spécifique n'est établie entre le TCR (« *T cell receptor* ») et le complexe peptide-CMH-I (pCMH), le lymphocyte T naïf quitte le ganglion par le vaisseau lymphatique efférent pour aller dans un autre ganglion. Le lymphocyte T naïf reste dans la circulation sanguine moins de 30 minutes avant de rentrer dans un autre ganglion. Par opposition, le processus de rencontre et de criblage dure entre 12 à 18 heures, permettant ainsi d'augmenter la probabilité aux lymphocytes T de rencontrer un complexe pCMH spécifique. Si le TCR reconnaît spécifiquement un complexe pCMH, une forte liaison s'établit et le processus d'expansion clonale peut débuter (Bousso, 2008).

1. Différenciation des lymphocytes T CD8

Après leur rencontre dans un ganglion lymphatique avec des DC, la différentiation des lymphocytes T CD8 est primordiale pour enclencher une réponse immunitaire efficace. On distingue quatre sous-populations de lymphocytes T CD8, les lymphocytes T naïfs, les lymphocytes T effecteurs, les lymphocytes T effecteurs/mémoires et les lymphocytes T mémoires. Chacune de ces populations présente un phénotype et une fonction distincte. (Sallusto et al., 1999); (Champagne et al., 2001); (Takata and Takiguchi, 2006); (Romero et al., 2007). D'un point de vue phénotypique, les différentes sous-populations se distinguent par l'expression de diverses molécules de surface telles que CD45RA, CD45RO, CCR7, CD27 et CD28 ainsi que par l'expression d'agents cytotoxiques comme les granzymes (Gr), la perforine et l'interféron-γ (IFN-γ) (Figure 3).

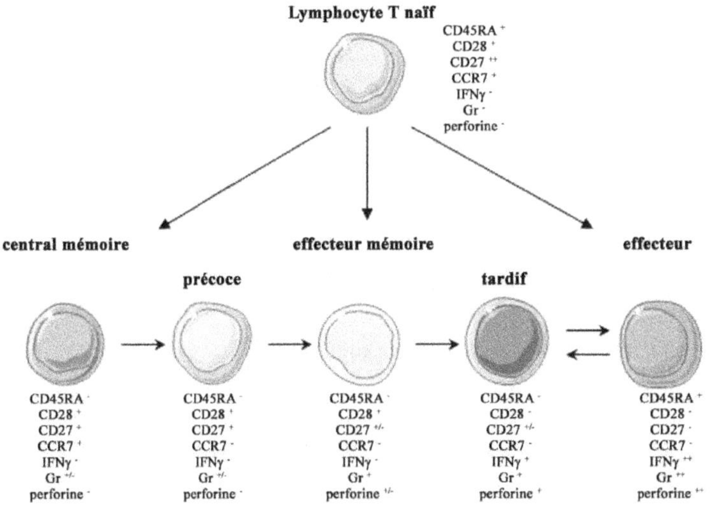

<u>Figure 2</u> : Les populations de lymphocytes T CD8

Les différents stades de maturation et d'activation des lymphocytes T CD8 se distinguent par l'expression de molécules de surface telles que CD45RA, CD28, CCR7 ou CCR5, ainsi que par l'expression d'agents cytotoxiques comme l'IFN-γ, la perforine et les Gr A et B. (d'après (Takata and Takiguchi, 2006).

La différenciation des lymphocytes T CD8 naïfs ($CD45RA^+CCR7^+CD27^+CD28^+$) en cellules effectrices ($CD45RA^+CCR7^-CD27^-CD28^-$) conduit à l'expression des gènes codant pour les molécules cytotoxiques (la perforine, les GrA et B, Fas ligand (FasL), l'IFN-γ ou encore le TNF-α (« *Tumor Necrosis Factor*-α »)) leur conférant ainsi la capacité d'éliminer les cellules tumorales. La différenciation en cellules T CD8 effectrices est caractérisée par la perte du potentiel de domiciliation (ou « *homing* ») au niveau des ganglions lymphatiques due à une diminution de l'expression de CCR7 et de CD62L. Au contraire, elles acquièrent la capacité de migrer au niveau des sites inflammatoires ou tumoraux. Cette migration est rendue possible grâce à l'augmentation de l'expression des molécules d'adhésion comme CD44, les intégrines β1 et β2 et à l'expression des récepteurs aux chimiokines CCR2 et CCR5 (Buhrer et al., 1992); (Kaech et al., 2002).

Lors de l'interaction entre le lymphocyte T CD8 naïf et l'APC, l'adhésion de la molécule CD40 à son ligand CD40L est très importante pour la génération des lymphocytes T CD8 mémoires. Cette population de lymphocytes émerge après l'expansion clonale due à la réponse primaire à l'Ag (Ahmed and Gray, 1996); (Woodland and Kohlmeier, 2009). Elle se maintient à long terme indépendamment de l'Ag soit dans la circulation, soit au sein des organes lymphoïdes secondaires. Dans le cas d'une deuxième stimulation par l'Ag, cette population de lymphocytes T CD8 réagit plus rapidement et avec une meilleure efficacité que lors de la première réponse. En effet, ils sont capables de proliférer plus précocement et de manière plus importante que les cellules T naïfs. De plus ils acquièrent plus rapidement et plus efficacement leurs fonctions effectrices (Veiga-Fernandes et al., 2000); (Larosa and Orange, 2008).

Les lymphocytes T mémoires peuvent être dissociés en deux groupes distincts : les lymphocytes T central mémoire (T_{cm}) et les lymphocytes T effecteur mémoire (T_{em}) (Roberts et al., 2005); (Klebanoff et al., 2006). Ces deux populations ont des caractéristiques phénotypiques et fonctionnelles différentes. En effet, les lymphocytes T_{cm} sont caractérisés par un phénotype proche des lymphocytes T CD8 naïfs, $CD45RA^-$/$CCR7^+$/$CD62L^{high}$. Comme les lymphocytes T CD8 naïfs, ils se situent principalement dans les organes lymphoïdes secondaires. De plus, ils présentent peu ou pas de fonctions effectrices, mais possèdent une capacité proliférative importante. Ainsi, lors d'une deuxième stimulation par l'Ag, ils peuvent se différencier très rapidement en lymphocytes T effecteurs. Inversement, les lymphocytes T_{em} possèdent un phénotype $CD45RA^-$/$CCR7^-$/$CD62L^{low}$ et sont présents dans les tissus périphériques. Comme les lymphocytes T CD8 activés, ils exercent une fonction de protection immédiate à la périphérie en étant capables de produire rapidement des cytokines tel que l'IFN-γ (Champagne et al., 2001); (Lanzavecchia and Sallusto, 2005); (Klebanoff et al., 2006). Il est bien admis que l'acquisition du phénotype mémoire de ces deux populations n'est pas pré-établie, mais qu'elle est conditionnée par l'intensité du signal antigénique et des molécules de costimulations associées lors de la première stimulation et qu'elle se détermine au cours de la phase d'expansion clonale (Stemberger et al., 2007); (Shaulov and Murali-Krishna, 2008); (Usharauli and Kamala, 2008). Néanmoins, si depuis longtemps les cellules mémoires sont supposées être générées directement à partir des cellules effectrices (Opferman et al., 1999), l'équipe de Zhang a démontré que certaines d'entre elles peuvent directement se différencier à partir de lymphocytes T naïfs en fonction de la qualité et de la quantité des signaux perçus (Ag, molécules de costimulation, ...) (Zhang et al., 2007). Par contre, la voie exacte de différenciation de cette population de lymphocytes T CD8 mémoires reste encore soumise à controverse.

2. L'activation des lymphocytes T CD8 par les APC

L'interaction entre l'APC et le lymphocyte T CD8 implique un dialogue dans les deux sens qui fait intervenir la reconnaissance du complexe pCMH par le TCR qui est associé au complexe CD3, et l'interaction des molécules de costimulation (CD2 et CD28) et d'adhésion (LFA-1) avec leurs ligands respectifs (LFA-3, CD80/CD86, CD40 et ICAM-1). La seule présentation du complexe pCMH au TCR n'est pas suffisante pour activer efficacement les lymphocytes T, il s'agit d'un premier signal, nécessitant un deuxième signal assuré par les molécules d'adhérences et de costimulation et leurs ligands respectifs. Par ailleurs, l'interaction entre une APC et un lymphocyte T peut durer plusieurs heures avant de se rompre. Cette interaction est observable *in vitro* et a été confirmée *in vivo* par des études effectuées directement dans des organes lymphoïdes par microscopie biphotonique (Miller et al., 2002); (Miller et al., 2004).

a) Premier signal : interaction TCR/pCMH

L'interaction entre le TCR et le complexe pCMH est spécifique puisque seuls les lymphocytes présentant un TCR donné seront activés. Un premier contrôle physiologique d'une prolifération incontrôlée des lymphocytes T est ainsi établi. Le TCR est un hétérodimère formé par les chaînes α et β caractérisé par une structure de type Ig avec une partie constante et une partie variable, contenant les domaines CDR1, CDR2 et CDR3

(« *Complementarity Determining Region* ») impliqués directement dans la liaison avec l'Ag (Bjorkman et al., 1987). Lors de l'interaction TCR/pCMH, les régions CDR1 et CDR2 se lient à la molécule du CMH, alors que la région CDR3 rentre directement en contact avec le peptide (Davis et al., 1998). Il faut noter que l'interaction entre le TCR et le complexe pCMH doit être prolongée et de forte intensité pour être efficace dans l'activation du lymphocyte T CD8 naïf. L'affinité entre la partie variable du TCR et le peptide immunodominant présent dans le sillon de la molécule du CMH-I joue un rôle majeur dans la stabilité de cette liaison, renforcée par le « corécepteur » CD8 reconnaissant une partie conservée au niveau du domaine α3 du CMH-I.

La reconnaissance du pCMH par le TCR entraîne une réduction de la mobilité du lymphocyte. Une réorganisation du cytosquelette permet la formation d'une zone élargie de contact étroit entre le lymphocyte T et l'APC, appelé la synapse immunologique (SI) faisant allusion à la synapse neurologique. La SI est une structure dynamique qui permet d'optimiser la signalisation initiale. Elle est caractérisée par une organisation concentrique qui s'organise autour de l'interaction du TCR/pCMH. Dans la partie centrale de cette structure se localisent le TCR, le corécepteur CD8 et les molécules de costimulation CD28 et CD80/CD86. Dans la partie plus périphérique les molécules d'adhésion, CD2, LFA-1 et ICAM-1 sont regroupées. Enfin, les molécules de haut poids moléculaire, comme les molécules CD43, CD44 et CD45, sont exclues dans la région distale. Ces dernières sont importantes dans la régulation de la signalisation TCR (Figure 3).

Le TCR est associé au complexe CD3. Le complexe CD3 est composé d'une série de 5 polypeptides invariants γ, δ, ε, ε et ζ, permettant la transmission d'un signal à l'intérieur de la cellule via le motif ITAM (« *Immunoreceptor-based Tyrosine Activation Motif* ») présent dans sa partie intracellulaire. Après la liaison entre le TCR et le complexe pCMH, le corécepteur CD8, associé à deux protéines tyrosines kinases (PTK), phosphoryle les motifs ITAM du CD3 (Straus and Weiss, 1992); (Gauen et al., 1994); (Filipp et al., 2003); (Horejsi et al., 2004). Cette première phosphorylation initie alors une cascade d'évènement de signalisation aboutissant à l'expression des gènes impliqués dans l'activation des lymphocytes T. Dans un premier temps, cette phosphorylation permet le recrutement et la phosphorylation d'une tyrosine kinase, ZAP-70 (« *z-chain (TCR) associated protein kinase 70KDa* ») qui peut alors à son tour activer LAT (« L*inker for Activation of T cells* ») (Wange et al., 1993); (Hatada et al., 1995). Cette protéine induit le recrutement d'autres protéines impliquées dans la signalisation, aboutissant au final, à l'activation des facteurs nucléaires NF-κB et NFAT, responsables de l'activation et de la différentiation des lymphocytes T.

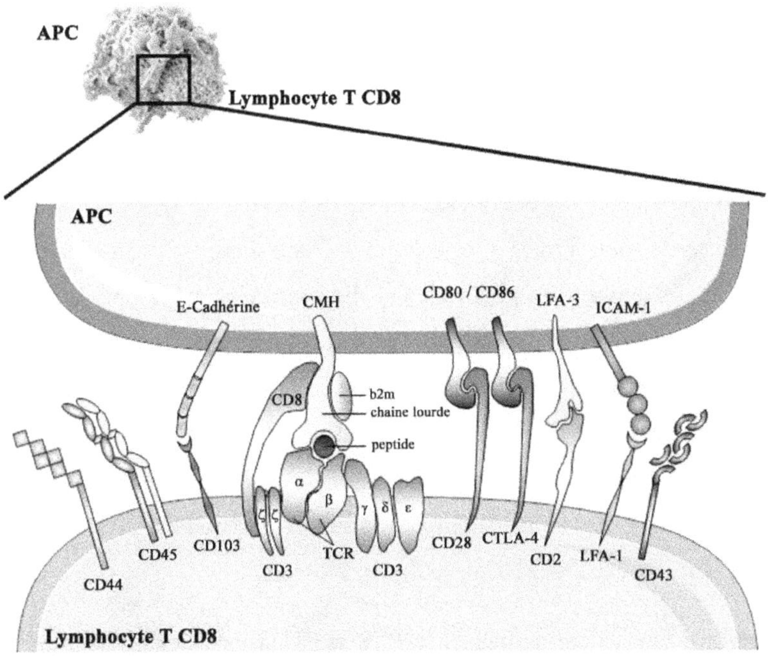

Figure 3 : La synapse immunologique

La zone de contact entre un lymphocyte T et une APC, appelée SI, recrute plusieurs ligands et les récepteurs associés ainsi que diverses molécules de signalisation. Ce remaniement est organisé autour d'une région centrale qui comprend les complexes pCMH/TCR-CD3 et les molécules de costimulation associées à leurs récepteurs (CD8, CD80/CD86 et leurs récepteurs CD28/CLTA-4). Cette région est bordée par une région périphérique où s'accumulent les molécules d'adhésions (LFA-1/ICAM-1, CD2/LFA-3). Les molécules de haut poids moléculaire, telles que CD43, CD44 et CD45 sont exclues de la synapse dans la région distale.

b) <u>Deuxième signal : les molécules de costimulation</u>

De très nombreux travaux ont montré qu'un deuxième signal est nécessaire pour l'activation des lymphocytes T CD8 (June et al., 1994a); (Krummel and Allison, 1995); (Davis and van der Merwe, 1996); (Janeway et al., 1997); (Le Guiner et al., 1998). Ce signal de costimulation est indispensable pour protéger les cellules T d'une anergie ou d'une apoptose précoce qui peuvent intervenir en son absence. Le signal le plus étudié se base sur la molécule CD28 qui apparaît comme étant la molécule de costimulation la plus efficace. Son interaction avec ses ligands issus de la superfamille des Ig, CD80 (B7-1) et CD86 (B7-2) exprimés par les APC en réponse à des signaux activateurs, régule le seuil d'activation des lymphocytes T et diminue significativement le nombre de TCR nécessaire à une activation efficace (Viola and Lanzavecchia, 1996).

Une signalisation impliquant le TCR et CD28 induit alors l'expression de CD40L (ou CD154) à la surface du lymphocyte T. Sa liaison à CD40 induit une augmentation de l'expression de CD80/CD86, qui à son tour renforce le signal induit par CD28. Une boucle positive d'activation s'établit et induit une forte prolifération des lymphocytes T spécifiques de l'Ag initialement reconnu. Cependant, un rétrocontrôle est nécessaire afin d'empêcher une prolifération incontrôlée. La signalisation TCR/CD28 induit ainsi également l'expression de CTLA-4 (« *cytotoxic T lymphocyte antigen 4*», CD152). Cette molécule se lie aussi à CD80/CD86 mais avec une plus forte affinité que CD28 et transmet des signaux inhibiteurs (June et al., 1994b); (Krummel and Allison, 1995); (Wulfing et al., 2002); (Greenwald et al., 2005). Plusieurs autres molécules interviennent après cette « première vague » de costimulation et jouent un rôle essentiel dans l'activation et la différentiation fonctionnelle des lymphocytes T. Par exemple la molécule CD2 est un acteur majeur de l'activation lymphocytaire (van der Merwe, 1999) permettant aux lymphocytes T de répondre à des concentrations d'Ag très faible (Bachmann et al., 1999); (Green et al., 2000).

3. Les différentes voies de lyse

Après l'interaction TCR/pCMH et leur différentiation, les lymphocytes T cytotoxiques (CTL) quittent le ganglion lymphatique par les vaisseaux efférents pour migrer vers le site tumoral. Cette migration est rendu possible grâce aux molécules chimio-attractantes, telles que CXCL12 (via le récepteur CXCR4) et CCL2 (via le récepteur CCR4) sécrétées par les cellules de la réponse immunitaire innée déjà présentes sur le site de l'inflammation (Homey et al., 2002); (Zhang et al., 2005); (Brown et al., 2007). Ces lymphocytes infiltrant la tumeur (TIL) se déplacent au sein même de la tumeur à la recherche de cibles potentielles, de façon similaire aux lymphocytes présents dans la zone corticale des ganglions lymphatiques. Le criblage rapide des cellules tumorales est possible grâce aux interactions des molécules d'adhésion (Jaaskelainen et al., 1992). Une fois le peptide antigénique spécifique reconnu, les TIL arrêtent de migrer pour former une interaction stable similaire à celle réalisée entre un lymphocyte et une APC. Après une interaction de plusieurs heures avec leur cible, les CTL peuvent éventuellement reprendre leur migration à la recherche de nouvelles cibles (Breart et al., 2008).

Après la reconnaissance de la cellule tumorale, le CTL peut induire la mort par apoptose de sa cible via deux mécanismes principaux, la voie Perforine/Gr et la voie des récepteurs à domaine de mort tels que FAS, TNF récepteur (TNF-R) et TRAIL récepteur (TRAIL-R) (Figure 4).

a) La voie majoritaire perforine/granzyme

i. La synapse immunologique cytotoxique

La zone de contact entre une cible et un CTL, appelée la SI cytotoxique, ou encore synapse sécrétoire, comprend une zone dite de sécrétion localisée à proximité de la zone d'interaction TCR/pCMH. Après l'engagement du TCR, de nombreuses modifications du cytosquelette d'actine surviennent induisant une relocalisation du centre organisateur des microtubules (MTOC) au niveau du site d'interaction entre le CTL et sa cible (Kuhn and Poenie, 2002). L'accumulation du calcium intracellulaire induite par la relocalisation du MTOC permet la migration polarisée des granules cytotoxiques au niveau de la SI (Lyubchenko et al., 2001); (Beal et al., 2009). Initialement, les granules semblent se regrouper derrière le MTOC avant de le contourner, pour migrer vers la zone de contact et de s'aligner en contact étroit avec la membrane au niveau du domaine sécrétoire. L'exocytose polarisée a lieu au niveau de cette zone (Stinchcombe et al., 2001). La faible proportion de granules relaguées à chaque contact et la polarisation rapide du MTOC vers une autre cible permettent ainsi au CTL de lyser plusieurs cibles successives rendant ce processus très efficace (Lyubchenko et al., 2001); (Kuhn and Poenie, 2002).

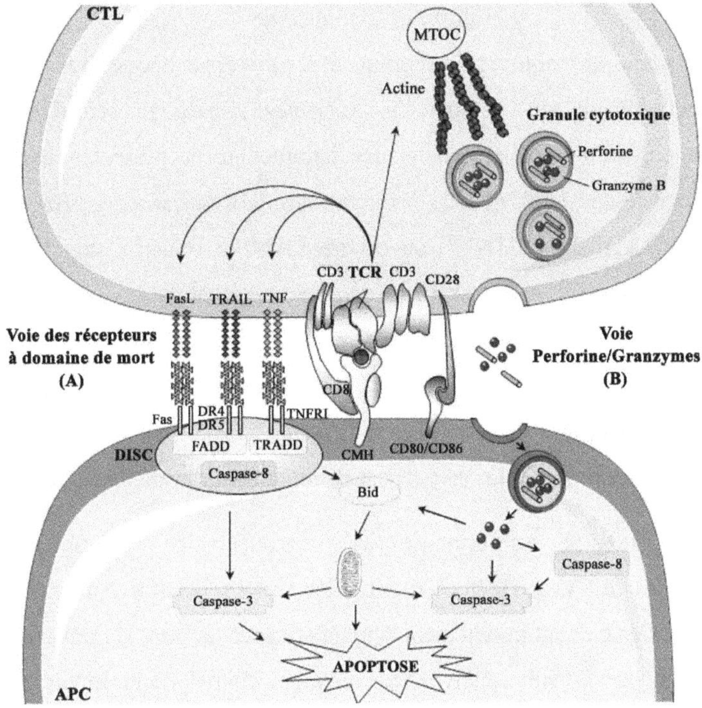

Figure 4 : Les différentes voies de lyse

Pour induire la mort par apoptose des cellules tumorales, les CTL utilisent deux mécanismes principaux : **a)** La voie perforine/Gr. Suite à l'interaction du TCR avec le complexe pCMH, le MTOC du CTL se polarise vers la zone de contact et entraîne la polarisation des granules cytotoxiques. La perforine et le GrB sont libérés par exocytose dans l'étroite fente synaptique qui permet d'éviter tout dégât des cellules et tissus adjacents à la cible. Une fois dans le cytoplasme de la cellule cible, le GrB active les voies apoptotiques pour induire la mort de la cible. **b)** La voie des récepteurs à domaine de mort. La fixation de FasL, TNF et TRAIL à leurs récepteurs respectifs induit la formation d'un complexe appelé DISC (« *death inducing signaling complex* »), comprenant les molécules adaptatrices (FADD (« *Fas-associated death domain protein* ») ou TRADD (« *TNF-receptor-associated death domain protein* »)) et la procaspase-8. L'activation de la caspase-8 au niveau du DISC permet l'induction de l'apoptose de la cellule cible soit par l'activation directe de la caspase-3, soit par l'activation de la voie apoptotique mitochondriale.

i. Les granules cytotoxiques

Les granules cytotoxiques regroupent les protéines nécessaires à la lyse des cellules cibles. Ce sont des vésicules sécrétoires acidifiées, qui contiennent, en plus des molécules habituellement présentes dans les lysosomes comme LAMP-1 (« *lysosome associated membrane protein* 1 », CD107a), LAMP-2 (CD107) ou encore LAMP-3 (CD63), des protéines impliquées dans la mort par apoptose comme des protéoglycanes, dont la plus connue est la perforine, ou encore des sérine-protéases de la famille des Gr (Blott and Griffiths, 2002); (Pipkin and Lieberman, 2007). Ces proteines effectrices sont stockées sous forme active, mais les conditions à l'intérieur des granules les empêchent de fonctionner avant leur libération.

Chez l'homme, les sérine-protéases regroupent les 5 membres de la famille des Gr (A, B, H, M et K), dont les plus abondantes sont les GrA et les GrB. Ces Gr sont initialement synthétisés sous la forme de pro-enzymes qui sont par la suite activés par clivage protéolytique induit par la Cathepsine C, elle aussi présente au niveau des granules. Ces différentes enzymes n'ont pas la même spécificité, ainsi le GrA présente une activité tryptase, avec un clivage après des résidus basiques, alors que le GrB présente une spécificité de substrat très similaire à celle des caspases, en clivant après un résidu d'acide aspartique.

La perforine est une protéoglycane présentant une analogie de structure avec la protéine C9 du complément. La perforine est caractérisée par sa capacité à former des pores par multimérisation dans la membrane cellulaire de manière dépendante du calcium (Tschopp et al., 1986), et permettre ainsi l'internalisation des autres constituants des granules cytotoxiques. Récemment, d'autres protéoglycanes ont été décrites pour leur rôle majeur dans la mort par apoptose. Ainsi, la Serglycine se fixe de façon non-covalente au GrB ce qui entraine la formation de complexe macro-moléculaire d'environ 250 kDa (Raja et al., 2002). Ce serait sous cette forme que le GrB serait physiologiquement sécrété et délivré dans la cellule cible, remettant en question le fait que le GrB puisse diffuser passivement à travers les pores de perforine.

Enfin, les granules cytotoxiques contiennent des protéines permettant de protéger les CTL contre l'action de leurs propres granules. Ainsi, l'équipe d'Henkart a montré que la Cathepsine B, liée à la membrane des granules, protégerait les CTL de la lyse en induisant le clivage et l'inactivation de la perforine à la suite de l'exocytose des granules (Balaji et al., 2002). Néanmoins cette théorie a été remise en question suite aux travaux réalisés chez des souris déficientes pour la Cathepsine B, qui n'ont pas de défaillance au niveau du nombre de CTL (Baran et al., 2006). De plus, il semblerait que la Calréticuline contenue dans ces mêmes granules aurait un rôle similaire en protégeant les granules de la polymérisation de la perforine (Fraser et al., 2000). Toutefois, son rôle comme inhibiteur après la dégranulation n'est toujours pas clairement établi.

ii. Mécanisme d'action

Après exocytose des granules cytotoxiques au niveau de la fente sécrétoire, la perforine et les Gr vont agir de manière synergique. En effet, la perforine, après sa polymérisation et son insertion dans la membrane cellulaire, va permettre l'internalisation dans la cellule cible des Gr déclenchant ainsi le processus de mort cellulaire programmée. Cependant, les complexes GrB/Serglycine semblent être indépendants à la perforine, et pourraient être internalisés et endocytés via le récepteur au mannose 6-Phosphate indépendant des cations (Veugelers et al., 2006). Une fois libéré dans le cytoplasme, le GrB clive un très grand nombre de substrats et active ainsi les voies d'apoptose dépendante ou non des caspases (Chowdhury and Lieberman, 2008) En fait, le GrB induit principalement l'apoptose en clivant la procaspase-3 (Stennicke et al., 1998) ou grâce à la caspase-8.

Le GrB peut également cliver la protéine Bid, ce qui provoque la libération des facteurs proapoptotiques mitochondriaux avec l'action conjointe d'autres membres de la famille Bcl-2, tels que Bax (Thiery et al., 2005). Leur translocation induit la libération du cytochrome c et l'activation subséquente de la caspase-9, qui active ensuite la caspase-3. Enfin, le GrB peut provoquer l'apoptose indépendamment des caspases en clivant certains substrats communs aux caspases dont ICAD, induisant la libération de l'endonucléase DFF40/CAD qui participe à la mort de la cellule cible par la fragmentation de l'ADN (Thomas et al., 2000).

b) Les voies alternes : Les récepteurs à domaine de mort

En parallèle à la voie principale de lyse perforine/Gr, les CTL peuvent également déclencher l'apoptose des cellules cibles indépendamment du taux de calcium via les récepteurs à domaine de mort. Ces voies de lyse impliquent des récepteurs constitutivement exprimés à la membrane des cellules appartenant à la superfamille des récepteurs du TNF. Plusieurs couples Ligand/Récepteur ont ainsi été identifiés comme des acteurs de cette voie de lyse, comme Fas/FasL, TNF/TNF-R (ou p55) et TRAIL/TRAIL-Rs. Les ligands de ces récepteurs, respectivement FasL, TNF-α et TRAIL, sont des protéines transmembranaires qui sont induites à la membrane du lymphocyte T suite à son activation. Ils sont également retrouvés sous forme soluble après clivage par des métallo-protéases, pour FasL et le TNF-α, ou des cystéine-protéases pour TRAIL. Ces protéines solubles n'ont pas la même spécificité que la protéine transmembranaire, sauf pour TRAIL soluble qui induit l'apoptose aussi bien que sa forme transmembranaire (Wiley et al., 1995). Ainsi, la forme soluble du TNF-α possède moins d'affinité pour le récepteur que sa forme transmembranaire, et par conséquent est moins active (Grell et al., 1998). Quant à FasL soluble, cette forme est non fonctionnelle et induit même une inhibition de l'apoptose (Schneider et al., 1998).

Ces 3 voies apoptotiques ont un mécanisme de signalisation très similaire. En effet, après la fixation de leurs ligands spécifiques, ces récepteurs s'activent par trimérisation, provoquant la formation d'un complexe multiprotéique, appelé DISC. Ce complexe regroupe le récepteur, des protéines adaptatrices telles que FADD ou TRADD ainsi que des procaspases et en particulier les procaspases-8 et -10 (Ashkenazi and Dixit, 1998). Le recrutement et l'agrégation de la procaspase-8 au sein du DISC entraîne son autoactivation et la libération d'une caspase-8 active. La caspase-8 induit alors l'apoptose par deux voies distinctes de signalisation via la caspase-3 (Scaffidi et al., 1998). La voie directe constitue une cascade d'activation des caspases menant directement à la caspase-3. La deuxième voie est indirecte, comme pour le GrB, elle passe par la voie d'apoptose mitochondriale (Chinnaiyan and Dixit, 1997); (Lenardo et al., 1999); (Joza et al., 2001).

II. LES ANTIGENES ASSOCIES AUX TUMEURS

Les recherches de ces 15 dernières années ont montré que les tumeurs sont capables d'être reconnues par les CTL grâce aux Ag exprimés à leur surface. Il est clairement établi que les cellules tumorales subissent de nombreuses altérations génétiques et épigénétiques qui se traduisent par l'accumulation de plusieurs milliers de mutations, de translocations et de délétions. Ces altérations produisent alors de nouveaux Ag ou provoquent l'expression d'Ag normalement réprimés (Pardoll, 2003) pouvant être reconnus par le système immunitaire. La quête d'Ag spécifiques de tumeurs, c'est-à-dire présents uniquement sur les cellules tumorales et donc absents des cellules normales, a été longue et souvent décevante. Cette vision restrictive est donc aujourd'hui presque totalement abandonnée au profit de la notion plus large de TAA.

A. Identification des TAA

Les connaissances fondamentales acquises depuis plus de 20 ans dans le domaine de l'immunosurveillance ont permis de démontrer que les tumeurs solides sont souvent infiltrées par des cellules effectrices du système immunitaire. L'isolement et la culture *in vitro* de ces lymphocytes T et leur évaluation fonctionnelle permettant de confirmer leur aptitude à reconnaître les cellules tumorales *in vitro*, a rendu envisageable l'identification de ces

Ag. Ainsi l'équipe de Thierry Boon a pu identifier le premier TAA dans le mélanome (Boon et al., 1989); (van der Bruggen et al., 1991). Les travaux expérimentaux à l'origine de cette découverte ont consisté à cultiver des cellules tumorales issues de la tumeur primaire du patient, en présence des lymphocytes du sang périphériques (PBL) autologue. Au cours de cette culture mixte, les lymphocytes reconnaissant des Ag tumoraux ont proliférés et ont été clonés. Les clones CTL obtenus ont été ensuite utilisés pour identifier le gène de l'Ag tumoral.

Depuis cette période, la même stratégie a été appliquée à plusieurs types de tumeurs et a permis d'identifier d'autres Ag. Enfin, d'autres méthodes ont vu le jour pour identifier un plus grand nombre de TAA.

1. Les méthodes d'identification des TAA

A ce jour, il existe trois grandes méthodes pour identifier les TAA reconnus par les lymphocytes T, l'approche génétique, biochimique et l'immunologie inverse. Il existe une quatrième approche, l'approche sérologique, qui est spécifique des Ag tumoraux reconnus par les lymphocytes B. Ces Ag n'entrant pas dans le cadre de mon travail de thèse, je ne détaillerai donc pas cette approche.

a) L'approche génétique

Développée en 1991 pour les tumeurs humaines, c'est grâce à cette approche que l'équipe de Boon identifia le premier Ag associé au mélanome, MAGE-1. Cette approche consiste à construire des banques d'ADN complémentaire (ADNc) à partir des ARNm exprimés par les cellules tumorales et à sélectionner l'ADNc correspondant à l'Ag tumoral à l'aide du clone CTL spécifique. Des cellules receveuses, telles que des cellules COS ou des cellules 293-EBNA, sont transfectées avec la banque d'ADNc ainsi que le gène du CMH pertinent pour la présentation de l'Ag (van der Bruggen et al., 1991). Ces cellules sont ensuite cultivées avec le clone CTL afin d'analyser sa capacité à reconnaître le complexe pCMH par sécrétion dans le surnageant de culture de cytokines, telles que le TNFβ ou l'IFN-γ. L'ADNc codant l'Ag tumoral est ensuite cloné et séquencé.

La dernière étape de cette approche consiste donc à déterminer la séquence du peptide antigénique issu de l'Ag précédemment identifié. Plusieurs minigènes codant des parties distinctes de l'Ag sont produits puis transfectés dans les cellules cibles, permettant ainsi de localiser la séquence nucléique qui code l'épitope tumoral. Les différents peptides issus de cette région sont ensuite synthétisés et analysés pour leur capacité à stimuler le clone CTL spécifique. Cette approche a permis d'identifier de nombreux Ag tels que MAGE-1, MART-1, Tyrosinase, TRP-1…

b) L'approche biochimique

L'approche biochimique a été décrite pour la première fois en 1994 par le groupe de Cox (Cox et al., 1994). Elle consiste à identifier directement les peptides présentés par les molécules du CMH-I à la surface de la cellule tumorale qui est reconnue par le clone CTL. Cette approche, qui repose sur des techniques fines de biochimie (immunoprécipitation des complexes pCMH, chromatographie liquide haute performance, spectrométrie de masse, synthèse peptidique), est particulièrement délicate puisqu'il faut identifier les épitopes spécifiques des CTL parmi les dix à cinquante milles peptides différents présentés à la surface des cellules tumorales. Néanmoins, cette méthode est le meilleur moyen pour être certain que les épitopes identifiés sont effectivement présentés à la surface des cellules tumorales. Plusieurs Ag ont ainsi pu être identifiés comme gp100 (Cox et al., 1994); (Wolfel et al., 1994).

c) L'approche d'immunologie inverse

Contrairement aux deux approches décrites précédemment, l'approche par immunologie inverse ne nécessite pas l'établissement de clones CTL spécifiques de la lignée tumorale. Cette approche consiste à induire *in vitro* des réponses immunitaires contre des peptides issus de protéines candidates et à confirmer la réactivité des lignées lymphocytaires ainsi induites contre les cellules tumorales. Elle repose sur la prédiction de peptide antigénique en fonction de leur capacité de liaison aux molécules du CMH-I, nécessitant donc une présélection des peptides candidats qui ont une forte affinité pour la molécule HLA (« *human leucocyte antigen* ») choisie (Jung and Schluesener, 1991); (Celis et al., 1994) ; (Brossart et al., 1999). Cette présélection ne se fait pas uniquement sur la base de la présence des résidus d'ancrage primaires spécifiques d'un HLA, mais également sur la capacité réelle des peptides à se fixer sur la molécule du CMH-I. Des modèles informatiques prédictifs, tenant compte du rôle des résidus d'ancrage primaires et secondaires, ont été ainsi construits sur la base d'algorithmes et de réseaux neuronaux artificiels. Ces derniers modèles, tels que Bimas ou SYFPEITHI, ont montré une spécificité assez élevée et un fort pouvoir prédictif permettant ainsi une présélection efficace de peptides candidats

(Kessler and Melief, 2007). Une fois choisis et synthétisés, ces peptides sont utilisés pour stimuler plusieurs fois *in vitro* les lymphocytes T de donneurs sains ou de patients. Les lymphocytes T ainsi induits, spécifiques des Ag candidats, sont ensuite analysés pour leur capacité à reconnaître et à lyser les cellules tumorales. La mise en évidence d'une reconnaissance spécifique suggère que l'Ag d'intérêt comporte un ou plusieurs peptides naturellement apprêtés (Chaux et al., 1999).

2. Les différentes familles de TAA

Grâce à ces approches, de plus en plus de TAA sont identifiés. A l'heure actuelle, il existe trois grandes catégories d'Ag tumoraux, les Ag uniques, les Ag partagés et les Ag viraux. Cette classification repose sur leur profil d'expression dans les tumeurs et les tissus sains, et en fonction de la nature des épitopes issus de ces Ag (Boon et al., 1997).

a) Les antigènes uniques

La présence de mutations dans des gènes codant des protéines impliquées dans le contrôle de la prolifération, la mobilité et l'adhésion cellulaire, normalement exprimés dans les cellules saines, est fréquemment corrélée à l'apparition du phénotype tumoral. Dans certains cas, ces altérations peuvent engendrer des Ag tumoraux capables d'induire une réponse immunitaire spécifique (Gjertsen et al., 1997); (Linard et al., 2002). Des mutations au niveau de proto-oncogènes, tels que RAS, BRAF ou du gène suppresseur de tumeur p53, produisent des protéines mutées portant des peptides reconnus par des lymphocytes T (Gedde-Dahl et al.,

1992); (Gjertsen et al., 2001). En effet, la présence de TIL spécifiques de peptides d'une protéine Ras mutée a été mise en évidence chez des patients atteints de mélanomes (Linard et al., 2002). Les Ag dérivés des protéines Ras et p53 mutés sont particulièrement intéressants car les mutations retrouvées au niveau de ces oncogènes sont fréquentes et communes à plusieurs types de cancers (Annexe 1).

b) Les antigènes partagés

Les Ag partagés sont retrouvés non seulement dans différents types de tumeurs mais aussi dans des tissus sains. Selon l'expression « normale » des gènes codant pour ces Ag, cette catégorie de TAA a pu être subdivisée en trois sous-groupes, les Ag « *Cancer-Testis* », les Ag surexprimés et les Ag de différentiation.

i. Antigènes « Cancer-Testis »

Les Ag dits « *Cancer-Testis* » proviennent de gènes silencieux non mutés exprimés par des tumeurs de divers types histologiques dans des proportions variables. Ces gènes sont dits silencieux car aucune expression n'est détectable dans les tissus sains, à l'exception des cellules germinales mâles, les ovaires, l'utérus et le placenta qui les expriment de manière ubiquitaire. Toutefois, l'expression de ces gènes dans ces cellules n'entraine pas la présentation d'Ag car elles sont dépourvues de molécules du CMH-I. (Uyttenhove et al., 1997) Le groupe d'Ag « *Cancer-Testis* » représente l'un des plus importants groupes d'Ag utilisés dans des protocoles cliniques antitumoraux, principalement sur le mélanome.

Le premier Ag identifié appartenant à cette catégorie d'Ag chez l'homme est MAGE-A1 (« *Mélanome AntiGEn* ») (van der Bruggen et al., 1991). Il est retrouvé dans de nombreuses tumeurs solides : 37% des mélanomes, 17% des cancers du sein, 35% des cancers bronchiques autres que ceux à petites cellules. Aujourd'hui, de nombreux autres gènes ont été caractérisés par analogie au gène MAGE-A1 dans des mélanomes humains. La famille des gènes MAGE regroupe 12 membres de MAGE-A1 à MAGE-A12. D'autres gènes ont été ainsi identifiés sur d'autres types de tumeurs solides: BAGE (« *Bladder AntiGEn* »), GAGE (« *Gastric AntiGEn* »), RAGE (« *Renal tumor AntiGEn* »), LAGE/NYESO-1(Chen et al., 1997); (Lethe et al., 1998) et SSX (Gure et al., 1997); (Gure et al., 2002). 60 à 70% des mélanomes malins expriment au moins un de ces Ag pouvant ainsi constituer des cibles potentielles dans des stratégies vaccinales (Annexe 2).

ii. Antigènes surexprimés

Ces Ag ubiquitaires sont exprimés dans les cellules normales à des taux faibles, mais ils sont surexprimés dans des tissus tumoraux d'origine variées conduisant alors à la présentation de peptides à la surface de ces cellules. Or, les CTL spécifiques de ces Ag reconnaissent spécifiquement les cellules tumorales et non les cellules saines. Ceci s'explique par le fait qu'il existe un seuil d'expression du gène au dessous duquel il n'y a pas assez de protéines et donc de peptides antigéniques présentés, pour permettre une reconnaissance par un CTL (Lethe et al., 1997).

Le gène de la télomérase (TERT) est surexprimé dans 85% des cancers et semble quasi silencieux dans la plupart des tissus normaux. Ainsi par exemple, des CTL dirigés contre un peptide de la télomérase présenté par la molécule HLA-A2 lysent spécifiquement des cellules tumorales. De plus, l'induction d'une réponse immunitaire chez des souris vaccinées contre l'analogue murin de cet Ag n'induit pas de réactions auto-immunes contre les tissus sains, telles les cellules de la moelle osseuse ou du foie qui expriment pourtant le gène TERT. L'intérêt de cet Ag provient du fait que des CTL spécifiques de TERT peuvent reconnaître des cellules tumorales de types histologiques différents. Ainsi, des souris vaccinées avec l'Ag TERT sont partiellement protégées vis à vis de l'inoculation de trois modèles différents de tumeurs (Nair et al., 2000) (Annexe 3).

iii. Antigènes de différentiation

Ces Ag correspondent à des Ag exprimés à la fois par les cellules tumorales et les cellules normales n'ayant pas forcément la même origine. La grande majorité de ces Ag de différenciation a été identifié dans le modèle du mélanome mais également dans d'autres types de tumeurs (ex PSA dans le carcinome de la prostate). Il a été montré que les CTL de certains patients atteints de mélanome reconnaissent des Ag exprimés non seulement par les cellules de mélanome mais aussi par les mélanocytes normaux. Plusieurs Ag de différenciation de la lignée mélanocytaire ont été identifiés tels que la tyrosinase, Melan-A/MART-1, gp100, TRP-1 et TRP-2 (Brichard et al., 1993); (Coulie et al., 1994); (Kawakami et al., 1995).

L'immunodominance de l'Ag Melan-A/MART-1 est reflétée par la fréquence élevée de CTL circulants chez la majorité des patients atteints de mélanome, mais aussi chez des donneurs sains à une fréquence plus faible. Plusieurs observations ont associé la dépigmentation par la destruction des mélanocytes sains (vitiligo) avec une régression tumorale et une amélioration du pronostic clinique des patients atteints de mélanome (Rosenberg et al., 1998); (Yee et al., 2001). Ceci vraisemblablement grâce à des lymphocytes infiltrant les lésions tumorales qui reconnaissent ces Ag de différenciation exprimés à la fois sur les cellules tumorales et les mélanocytes sains. Ces données mettent en évidence la rupture de tolérance immunitaire à des Ag de différenciation et le développement d'une réponse auto-immune contre ces Ag du soi chez les patients atteints de mélanome. Ceci soulève la difficulté de la mise en place d'une réponse antitumorale suite à des immunothérapies fondées sur ces Ag en limitant les atteintes auto-immunes, en particulier quand les Ag de différenciation sont exprimés par des cellules vitales de l'organisme (Annexe 4).

c) Les Antigènes viraux

Certains virus tels que le virus d'Epstein-Barr (EBV) dans les lymphomes (Khanna et al., 1998); (Roskrow et al., 1998) et le virus papilloma humain (HPV) dans le cancer du col de l'utérus, sont associés à l'apparition de tumeurs (Tindle, 1996). Les virus oncogènes intègrent leur génome dans celui de la cellule hôte et transforme cette dernière vers un état tumoral. Les protéines issues de ces gènes viraux peuvent induire une réponse lymphocytaire indiquant qu'elles sont une source de peptides antigéniques spécifiques de la tumeur. De nombreux essais cliniques, consistant à une vaccination visant ces Ag viraux, ont montrés des résultats très intéressant. En 2006, le premier vaccin préventif contre le cancer du col de l'utérus à été commercialisé.

Pour être reconnus par des lymphocytes T spécifiques, les Ag tumoraux doivent être apprêtés puis présentés à la surface des cellules cibles. Selon qu'ils soient endogènes ou exogènes, les Ag ne seront pas apprêtés par le même mécanisme, et ne sont pas présentés par les mêmes molécules du CMH. Ainsi, les Ag endogènes sont présentés sur les molécules du CMH-I pour être reconnus par les lymphocytes T CD8, alors que les Ag exogènes sont présentés par les molécules du CMH-II pour être reconnus par les lymphocyte T CD4. Il existe néanmoins un mécanisme particulier, la présentation croisée, qui permet aux APC, en particulier les DC, de présenter aux lymphocytes T CD8 des Ag exogènes.

B. La présentation classique des antigènes par le CMH-I

L'apprêtement et la présentation des Ag à la surface des APC ou des cellules cibles, mettent en jeu plusieurs mécanismes. En effet, les molécules du CMH-I présentent des peptides de 8 à 11 acides aminés (aa), majoritairement issus de la protéolyse par les protéasomes ou l'immunoprotéasome (Figure 5).

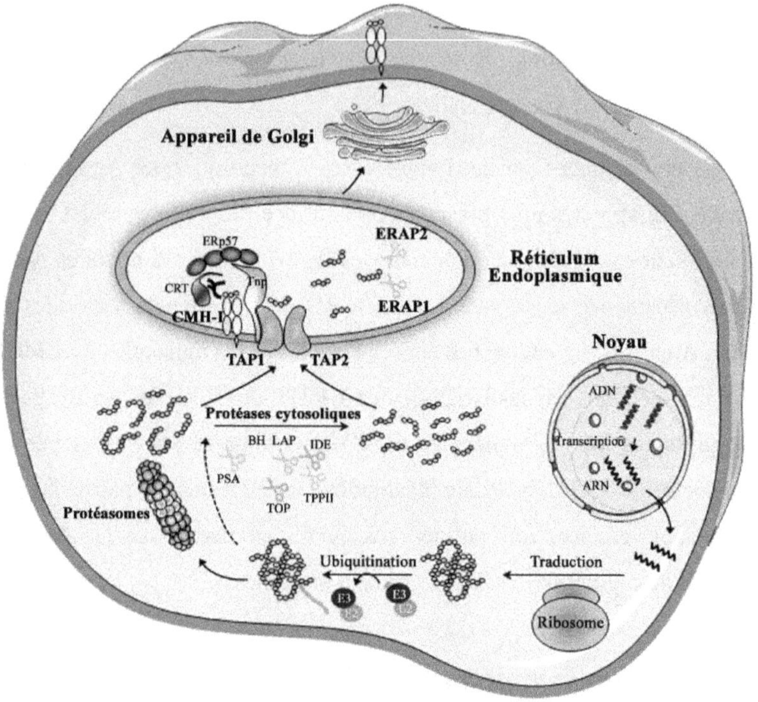

Figure 5 : Mécanisme classique de la presentation antigénique

Les CTL reconnaissent à la surface des cellules tumorales des peptides antigéniques issus de la dégradation de protéines « anormales ». Tout de suite après leur traduction, ces protéines sont ubiquitinilées par les ubiquitine-ligases pour être dégradées par le protéasome. Libérés dans le cytosol, les fragments peptidiques de plus de 20 aa peuvent être de nouveau dégradés en N-terminale par les aminopeptidases cytoplasmiques avant d'être transportés dans la lumière du RE grâce aux transporteurs TAP1 et TAP2. Une fois dans le RE, ERAP1 et ERAP2 clivent de nouveau ces fragments pour obtenir des peptides d'une longueur appropriée pour leur fixation sur les molécules du CMH-I (d'après (Vigneron and Van den Eynde, 2011).

A la sortie du protéasome, les peptides possèdant plus de 20 résidus sont de nouveaux clivés par diverses peptidases cytosoliques. Par la suite, les peptides de 7 à 20 aa sont transportés vers la lumière du réticulum endoplasmique (RE) par les transporteurs TAP (« *Transporter associated with antigen processing* »). Une fois dans le RE, les peptides de tailles supérieurs à 11 résidus sont de nouveau raccourcis par les peptidases ERAP1 et ERAP2 (« *endoplasmic reticulum aminopeptidase* ») avant d'être chargés sur les molécules du CMH-I et d'être présentés à la surface des cellules.

1. La dégradation des protéines endogènes par les protéasomes

Les protéines cytoplasmiques sont dégradées en permanence dans la cellule. La dégradation affecte surtout les protéines « anormales » (erreur traductionnelle, mauvais repliement, mutation,...), nommées plus communément DRIP (« *Defective Ribosomal Products* »), directement après leur synthèse (Schubert et al., 2000); (Varshavsky, 2012), et les protéines du non soi, provenant de virus ou de bactéries à développement intracellulaire. Le système ubiquitine/protéasome est le principal mécanisme de protéolyse impliqué dans la génération de peptides présentés par les molécules du CMH-I. La destruction sélective des protéines par ce système dépendant de l'ATP est assurée par deux événements successifs. Le premier consiste à marquer les protéines par une chaine poly-ubiquitines, le second étant la reconnaissance et la dégradation protéolytique de ces protéines poly-ubiquinées par le protéasome 26S. Le protéasome 26S est un énorme complexe multi-enzymatique constitué du protéasome 20S et du protéasome 19S. Le protéasome 20S correspond au site actif de protéolyse. Le protéasomes 19S, bordant d'une part et d'autre le protéasome 20S, correspond à un complexe régulateur (Rock et al., 2002). Le protéasome 20S peut aussi s'associer à un autre complexe régulateur, le PA28 (« *proteasome activator* 28») (Figure 6).

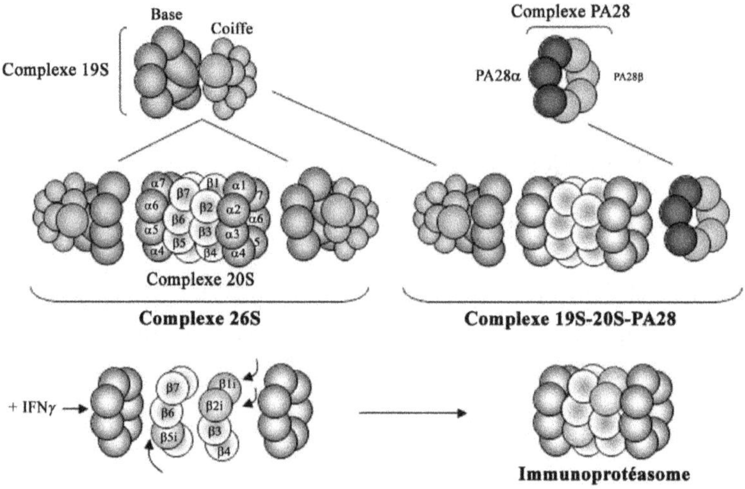

<u>Figure 6</u> : La structure des protéasomes

Le protéasome 26S est un complexe cylindrique composé en son centre du protéasome 20S associé à chaque extrémité au complexe régulateur 19S ou de PA28. Le protéasome 20S est constitué de 28 sous-unités (14 α et 14 β) formant 4 anneaux héptamériques. Le protéasome 19S comporte deux entités fonctionnelles : la base, comprennant une dizaine de sous-unités dont 6 ayant une activité ATPase, et la coiffe. PA28 peut également réguler l'activité du protéasome. Il est constitué par deux sous-unités inductibles par l'IFN-γ et forme avec le 20S et le 19S un complexe asymétrique nommé complexe 19S-20S-PA28. L'IFN-γ peut également induire la formation de l'immunoprotéasome, où les sous-unités constitutives du protéasome β1, β2 et β3 sont remplacées par leurs homologues β1i, β2i et β3i.

a) L'ubiquitination des protéines

Avant d'être pris en charge par les protéasomes, les protéines destinées à être dégradées doivent être marquées par une chaîne poly-ubiquitines. L'ubiquitine est une protéine de 76 aa hautement conservée chez les Eucaryotes. Elle sert de signal de reconnaissance pour la dégradation par le protéasome 26S. Elle est fixée à la protéine par une liaison covalente entre l'un des résidus glycine de sa partie C-terminale et un groupement NH_2 d'une lysine de la protéine ciblée. D'autres ubiquitines peuvent alors se fixer à un résidu lysine de la première ubiquitine pour former une chaîne. En effet, seules les protéines liées à une chaîne d'au moins quatre molécules sont reconnues par le protéasome 26S. Ces opérations sont réalisées avec l'aide de trois enzymes (notées E1, E2 et E3). L'enzyme E1 active l'ubiquitine en présence d'ATP en formant une liaison entre un résidu cystéine de son site catalytique et l'ubiquitine, puis transfère l'ubiquitine activée sur la deuxième enzyme. L'enzyme de conjugaison de l'ubiquitine E2, modifie une fois de plus l'ubiquitine et est capable d'attacher l'ubiquitine à la protéine cible, en général avec l'aide d'une troisième enzyme. L'ubiquitine ligase E3 joue un rôle dans la reconnaissance entre l'ubiquitine et les différentes protéines cibles (Varshavsky, 2012).

b) Le protéasome 20S : cœur protéolytique du protéasome 26S

Le protéasome 20S est un complexe multicatalytique de 700 kDa, composé de quatorze sous-unités différentes (sept sous-unités α et sept sous-unités β) arrangées en quatre anneaux heptamériques empilés formant une structure cylindrique. Ce cylindre est constitué de deux anneaux externes α (α1- α7) et de deux anneaux internes β (β1- β7). Cette forme fermée en cylindre délimite une cavité interne contenant les sites actifs pourvus de multiples activités peptidases portées par trois des sous-unités β (β1, β2 et β5) (Groll et al., 1997) (Figure 6). Ces sites actifs sont donc isolés de l'environnement cellulaire, évitant ainsi une dégradation inopportune des protéines. Les sous-unités β1, β2 et β5 hydrolysent la liaison peptidique au niveau C-terminal de manières spécifiques. Ainsi, la β1 coupe de manière spécifique après un résidu acide (Glutamine ou Asparagine), spécificité identique à celle des caspases, alors que la β2 à une spécificité identique à la trypsine en coupant après un résidu basique (Arginine ou Lysine) et la β5, comme la chymotrypsine, coupe après un résidu hydrophobe (Tyrosine, Leucine, Isoleucine ou Phénylalanine) (Kisselev et al., 2003); (Kloetzel and Ossendorp, 2004).

Les deux anneaux externes α sont catalytiquement inactifs, mais ils ont un rôle dans l'assemblage du protéasome et permettent, avec l'association des complexes régulateurs, le dépliement des protéines (Ruschak et al.). De plus, ils régulent l'accès au site catalytique aux polypeptides qui ont été préalablement « dépliés ».

c) Le protéasome 19S : complexe régulateur du protéasome 26S

Le protéasome 19S est un complexe régulateur formé d'au moins dix-neuf sous-unités. Il peut se lier à une ou aux deux extrémités du protéasome

20S, formant ainsi le protéasome 26S. Si la structure du protéasome 20S est connue depuis plusieurs années, celle du protéasome 19S ne l'est pas encore complètement, malgré les avancées dans ce domaine (Bohn et al.); (Forster et al.); (Demartino).

Le protéasome 19S est composé de deux complexes, la base et la coiffe. La base comprend une dizaine de sous-unité, dont six ayant une activité ATPase, qui forment un anneau hexamérique pour interagir avec les sous-unités α du complexe 20S, sauf avec la sous-unité α7 laissant ainsi une entrée aux protéines poly-ubiquinées. La coiffe, formée de huit sous-unités, est plus fexible, et sert de couvercle à l'entrée du site catalytique (Figure 6). Ce complexe permet la reconnaissance et la fixation des chaines poly-ubiquitinées. Grâce à deux classes d'isopeptidases, les « *ubiquitin C-terminal hydrolases* » (UCH) et les « *ubiquitin-specific proteases* » (UBP), la chaîne d'ubiquitine est enlevée et ces molécules sont recyclées pour ubiquiner une autre protéine. Ces ATPases possèdent en plus un rôle majeur dans l'activation du protéasome car elles sont responsables de l'ouverture de l'anneau α du protéasome 20S, du dépliement de la chaîne polypeptidique libérée de sa queue poly-ubiquitine ainsi que de sa translocation dans le cœur catalytique du protéasome.

d) <u>Le complexe 20S/PA28</u>

En plus du complexe 19S, il existe un autre complexe activateur, PA28 (ou encore appelé complexe 11S ou REG), pouvant s'associer à une ou aux deux extrémités du protéasome 20S (Ma et al., 1992). Le mécanisme utilisé pour le lier au protéasome 20S par le biais de sa partie C-terminale et ouvrir l'accès au cœur du protéasome en favorisant une modification de la conformation des anneaux α semble très proche, sinon similaire, à celui utilisé par le complexe 19S (Forster et al., 2005). Le complexe PA28 a été retrouvé sous deux formes, le complexe hétéroheptamérique PA28αβ ($\alpha_3\beta_4$) et le complexe homoheptamérique PA28γ (Rechsteiner and Hill, 2005) (Figure 6). Bien que les propriétés biochimiques de PA28 soient connues, son rôle précis est peu clair. La localisation de PA28αβ au niveau des tissus immunitaires, son induction par l'IFN-γ et sa capacité à stimuler l'hydrolyse des peptides par le protéasome semblent indiquer un rôle dans la réponse immunitaire et notamment dans la génération et la présentation des peptides antigéniques. La liaison de PA28 aux sous-unités α du protéasome 20S provoque l'ouverture du pore d'entrée (ou de sortie) du protéasome pour permettre aux peptides substrats, et non aux protéines, de diffuser à travers du canal central jusqu'au site catalytique du protéasome (Groettrup et al., 2010). Les peptides générés par le complexe 20S/PA28 diffèrent de ceux générés par le protéasome 26S. En effet, la liaison du protéasome 20S avec PA28 impose des changements de conformation importants et modifie de manière allostérique la spécificité des sites catalytiques, entrainant ainsi la génération de peptides initialement dissimulés, comme l'Ag de différenciation mélanocytaire TRP2 (Sun et al., 2002); (Textoris-Taube et al., 2007).

Contrairement au complexe 19S, PA28 ne possède pas l'activité ATPase nécessaire au recrutement et à la dégradation des chaînes poly-ubiquitinées présentes sur la majorité des protéines à dégrader. Différentes études ont montré que l'IFN-γ était capable d'induire la formation d'un complexe hybride 19S/20S/PA28 permettant ainsi la dégradation de protéines ubiquitinylées (Hendil et al., 1998); (Tanahashi et al., 2000); (Rechsteiner and Hill, 2005).

e) L'immunoprotéasome

L'induction de PA28 n'est pas le seul effet de la production d'IFN-γ lors d'une réponse immunitaire. En effet, l'IFN-γ influence également le protéasome 20S en échangeant les sous-unités catalytiques β1, β2 et β5 par 3 nouvelles sous-unités homologues β1i (LMP-2 « *low molecular weight protein 2* »), β2i (LMP-7) et β5i (MECL-1 « *multicatalytic endopeptidase complex-like 1* »), formant ainsi l'immunoprotéasome (Tanaka and Kasahara, 1998) (Figure 6). Même si la présence de l'immunoprotéasome est dépendante de l'IFN-γ pour la majorité des cellules, les DC et les cellules des tissus lymphoïdes, tels que les thymocytes et les splénocytes, l'expriment de façon constitutive (Stohwasser et al., 1997); (Macagno et al., 1999); (Morel et al., 2000); (Cascio et al., 2001).

Les modifications structurales apportées par l'incorporation de ces sous-unités entraînent une modulation de l'activité du protéasome et confèrent à l'immunoprotéasome une spécificité d'hydrolyse plus appropriée à la production de peptides immunocompétents. En effet, l'analyse des répertoires obtenus avec des précurseurs peptidiques ou des substrats protéiques a montré que l'immunoprotéasome avait une préférence pour cliver plus rapidement après des résidus hydrophobes ou basiques, mais qu'il ne clivait pas après les résidus acides, montrant ainsi que contrairement au protéasome standard, l'immunoprotéasome n'avait pas d'activité de type caspase. Ce changement d'activité de l'immunoprotéasome permet d'obtenir des peptides plus adaptés à la fixation au CMH-I qui fixe préférentiellement les résidus hydrophobes ou basiques en C-terminal (Gaczynska et al., 1993); (Driscoll et al., 1993); (Toes et al., 2001).

2. La prise en charge des peptides dans le réticulum endoplasmique

En sortant du protéasome, les peptides sont constitués de 2 à 30 aa. La majorité de ces peptides comprennent moins de 8 résidus, alors que seuls les peptides ayant une taille de 8 à 16 aa peuvent être pris en charge par des transporteurs spécialisés pour être ensuite acheminés vers le RE où ils seront chargés sur les CMH-I. Les peptides possédant plus de 20 résidus peuvent être clivés en N-terminal grâce aux peptidases contenu dans le cytosol, telle que la leucine aminopeptidase (LAP), la bleomycine hydrolase (BH), la puromycine-sensitive aminopeptidase (PSA), la thimet oligopeptidase (TOP) ou encore la tripeptidylpeptidase II (TPPII).

a) Le transport dans le réticulum par les transporteurs TAP

Le transport des peptides du cytosol vers la lumière du RE est assuré par le complexe hétérodimérique TAP formé de deux sous-unités, TAP1 et TAP2 (Kelly et al., 1992). Ce sont des protéines transmembranaires de la famille des transporteurs ABC (« *ATP-binding cassette protein* »). Le mécanisme exact par lequel TAP choisit et se lie aux peptides est encore inconnu, bien que la spécificité de ces peptides soit bien établi (Schmitt and

Tampe, 2000). Le complexe TAP doit lier des peptides qui présentent une affinité suffisante pour les molécules du CMH-I tout en gardant une diversité dans les séquences peptidiques entrant dans le RE. Ainsi, comme les molécules du CMH-I, TAP possède une préférence pour les peptides présentant des résidus hydrophobes ou basiques en position 2/3 de l'extrémité C-terminale et possède une faible affinité pour les résidus basiques à proximité de l'extrémité N-terminale. Ces préférences illustrent la nature chimique des sites essentiels de TAP qui saisissent les peptides.

Comme tous les membres de la famille ABC, les protéines TAP1 et TAP2 possèdent deux domaines transmembranaires (TMD « *transmembrane domain* ») et deux domaines de liaison nucléotidiques (NBD « *nucleotide-binding domain* »), mais elles ne fournissent au complexe TAP qu'un seul TMD et NBD chacune (Kelly et al., 1992). L'assemblage des deux TMD et des deux NBD forment une unité centrale capable de transporter les peptides dans la lumière du RE. Néanmoins, cet assemblage est souvent associé à des domaines accessoires qui fournissent des fonctions supplémentaires, telles que la régulation et la capture des peptides ou la liaison à des protéines chaperonnes nécessaires à la formation du complexe pCMH. C'est ainsi que, même si ces domaines ne sont pas requis pour le transport des peptides, les protéines TAP1 et TAP2 possèdent un domaine transmembranaire supplémentaire en N-terminal qui se fixe à la tapasine (Tnp) et au complexe de chargement peptidique (PLC « *peptide loading complex* »), (Koch et al., 2004); (Procko et al., 2005).

Tous les membres de la famille ABC semblent partager un mécanisme d'action commun (Hollenstein et al., 2007a). En effet, chaque NBD cytosolique lie une molécule d'ATP, formant un NBD fermé par une liaison étanche où les molécules d'ATP sont jointes à l'interface pour fournir le contact entre les deux NBD. Lorsque les NBD sont fermés autour de l'ATP, les deux TMD forment une cavité dirigée vers le cytosol pouvant ainsi capturer le peptide. L'entrée du peptide dans cette cavité entraîne une réorganisation structurelle des TMD, induisant l'hydroplyse de l'ATP sur l'une des deux NBD provoquant ainsi la cassure de la liaison fermant les NBD. Cette ouverture des NBD permet un changement d'orientation de la cavité formée par les TMD vers la lumière du RE libérant ainsi le peptide (Ward et al., 2007); (Hollenstein et al., 2007b); (Abele and Tampe, 2011) (Figure 7).

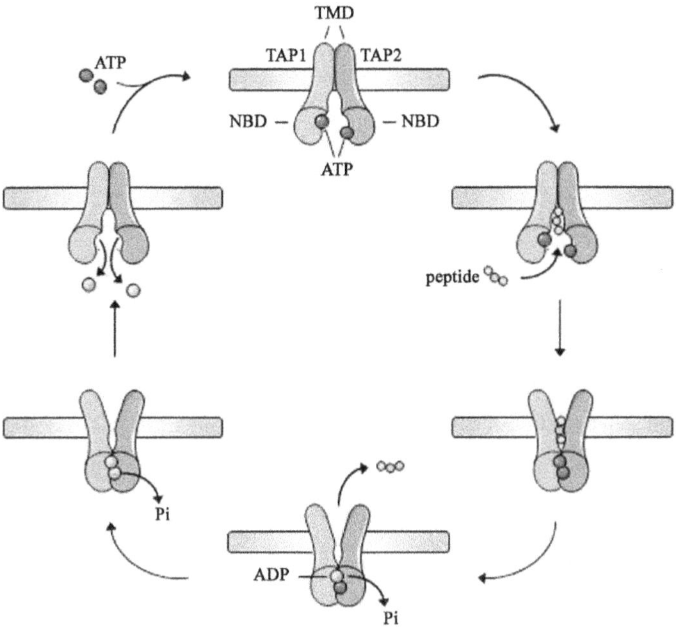

<u>Figure 7</u> : Mécanisme d'action de la pompe TAP

Le complexe actif TAP est composé d'un TMD et d'un NBD des molécules TAP1 et TAP2. Chaque domaine NBD lie une molécule d'ATP induisant une liaison étanche entre les deux TMD. L'arrivée d'un peptide dans la cavité cytosolique formée par les deux TMD provoque l'hyrolyse des ATP cassant ainsi la liaison entre les TMD et permettant au peptide d'être redirigé vers la lumière du RE (Abele and Tampe, 2011).

b) Les peptidases du réticulum endoplasmique

La plupart des peptides transportés dans le RE par le complexe TAP sont plus longs que ceux qui se fixent aux CMH-I. Une fois dans le RE, les peptides peuvent subir une ultime étape protéolytique qui permet de produire des peptides adaptés à partir de précurseurs portant des extensions amino-terminales (Rock et al., 2004). En 2002, deux aminopeptidases inductibles par l'IFN-γ ont été isolées dans le RE, ERAP1 et ERAP2 (« *endoplasmic reticulum aminopeptidase* »). En parfait accord avec les préférences du complexe TAP et du CMH-I, ERAP1 clive principalement les peptides contenant 9 à 16 aa (Chang et al., 2005b) et ne clive quasiment pas les peptides contenant moins de 9 résidus. La spécificité d'ERAP1 et d'ERAP2 est déterminée par leur interaction avec la partie C-terminale du peptide. Ainsi, ERAP1 se lie préférentiellement à des peptides possédant des résidus hydrophobes en C-terminal, alors qu'ERAP2 favorise les résidus basiques. Une fois fixés en C-terminal du peptide, les sites actifs d'ERAP1 et d'ERAP2 sont en mesure d'ajuster la partie N-terminale de ce peptide soit en clivant derrière les résidus hydrophobes par ERAP1 soit en clivant les résidus basiques par ERAP2. Ces deux peptidases possèdent donc des fonctions complémentaires en ne se liant pas aux mêmes résidus, et peuvent former des hétérodimères nécessaires pour le clivage efficace des extensions peptidiques contenant en alternance des résidus basiques et hydrophobes (Saveanu et al., 2005).

Jusqu'à maintenant, il était admis que la partie C-terminale des peptides chargés n'était générée que par le protéasome et que seule la région N-terminale pouvait être rallongée pour être clivée dans le RE. Néanmoins, Kenneth E. Bernestein a démontré l'existence d'une carboxypeptidase au sein du RE influençant le répertoire peptidique exprimé par les molécules du CMH-I (Shen et al., 2011).

c) Le chargement des peptides

Une fois dans le RE, les peptides de 8 à 11 aa sont chargés sur les molécules du CMH-I grâce au PLC comprenant plusieurs molécules chaperonnes comme la Tnp, la calreticuline (CRT), ERp67 et les molécules TAP.

i. *Les molécules du CMH-I*

Les molécules du CMH-I sont présentes sur toutes les cellules nucléées de l'organisme à des taux variables. Chaque individu possède 6 types de molécules du CMH-I exprimés en milliers de copies, deux molécules HLA-A, deux molécules HLA-B et deux molécules HLA-C, qui peuvent être identiques ou différentes. Ces molécules sont composées de deux chaînes polypeptidiques α et β, qui présentent toutes les deux des domaines « *immunoglobuline-like* » et qui sont associées de manière non covalente.

La chaîne α (ou chaîne lourde) est codée par les gènes HLA-A, HLA-B et HLA-C. Elle est polymorphique et donc variable suivant les 6 gènes que l'individu possède. Elle présente trois domaines: α1, α2 et α3 suivis d'un domaine transmembranaire et d'un domaine intra-cytoplasmique. Les domaines α1 et α2 constituent la région de liaison au peptide antigénique (PBR «*peptide binding region*») en formant une cavité dans laquelle se loge le peptide. Le domaine α3 permet la reconnaissance du lymphocyte T CD8 en se fixant à cette molécule. La chaîne β (ou chaîne légère) est non-polymorphique. Elle est codée par un gène non présent dans la région CMH du génome. Cette chaîne, appelée β2-microglobuline (β2m) s'associe avec le domaine α3 de la chaîne lourde pour assurer un maintien de la conformation du site de liaison au peptide (Townsend et al., 1990). Cette stabilité est essentielle pendant l'échange entre les peptides de faible et de haute affinité. Le rôle de la liaison de β2m avec le peptide a aussi été mis en évidence *in vivo* (Neefjes et al., 1993); (Ortmann et al., 1994). De plus, cette chaîne assure aussi la stabilité de la structure de la molécule du CMH-I (Hill et al., 2003).

La chaîne lourde est synthétisée dans le RE de manière indépendante des peptides. La Calnexine (CNX), protéine transmembranaire de type lectine, prend en charge la chaîne α néo-synthétisée, en association ou non avec la thio-oxyréductase ERp57. Elle assure sa stabilité et son repliement par la formation d'un pont disulfure, pour finalement induire sa liaison avec la β2m (Smith et al., 1995).

ii. L'assemblage du pCMH-I par le complexe de chargement peptidique

Le complexe formé de la chaîne α et de la chaîne β2m nécessite l'association avec des protéines chaperonnes qui permettent de former et de maintenir la conformation de la molécule du CMH-I avant le chargement du peptide. Cette association composée de la molécule CMH-I, des deux sous-unités TAP, de Tnp, de CRT et d'ERp57 forme le PLC. Le rôle principal de ce complexe est de permettre le chargement peptidique sur les molécules CMH-I grâce aux molécules CRT induisant la rétention du CMH-I vide dans le RE. La Tnp induit le rapprochement des molécules TAP aux molécules du CMH-I pour permettre le chargement des peptides (Figure 8).

La Tnp est une glycoprotéine transmembranaire de 48 KDa. Elle agit comme un pont entre les molécules TAP et les autres molécules composant le PLC. Elle permet ainsi la stabilisation du complexe TAP avec l'ensemble du PLC (Garbi et al., 2003); (Leonhardt et al., 2005) tout en retenant les molécules du CMH-I vides dans le RE en attendant leur chargement par des peptides de forte affinité. Cette interaction implique le domaine transmembranaire de la Tnp et les domaines transmembranaires N-terminaux de TAP1 et TAP2 (Koch et al., 2006). A l'heure actuelle, toutes les fonctions de la Tnp ne sont pas encore déterminées, surtout que l'interaction entre la chaîne lourde du CMH-I et la Tnp reste mal définie probablement en raison d'une très faible affinité intrinsèque. Toutefois, de plus en plus d'études suggèrent un rôle de la Tnp dans le choix des peptides liés à certains HLA particuliers (Chen and Bouvier, 2007); (Wearsch and Cresswell, 2007).

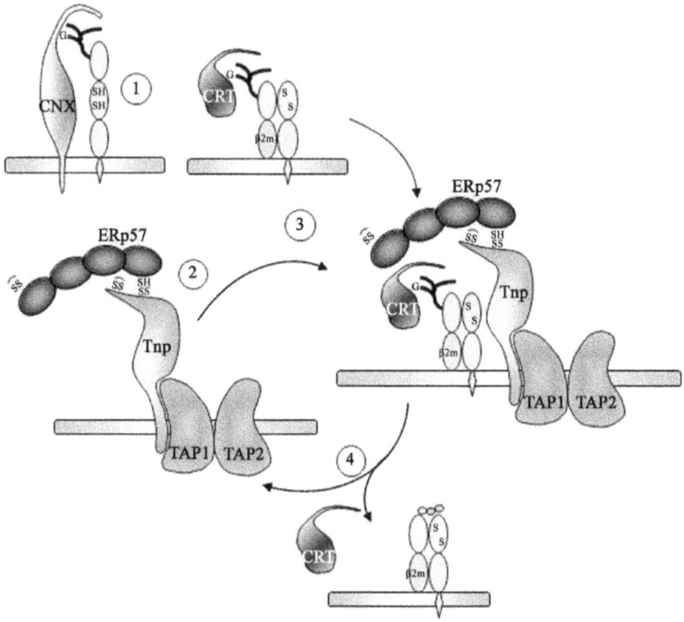

Figure 8 : Assemblage du complexe de chargement peptidique

(1) la chaîne lourde du CMH-I s'associe initialement à la CNX chaperonne permettant son repliement et la liaison avec la β2m puis la molécule du CMH-I est prise en charge par la CRT. Parallèlement, (2) la Tnp s'associe avec les molécules TAP puis avec ERp57. Ensuite, (3) la molécule CMH-I et la CRT rejoignent le compexe de chargement peptidique en se fixant aux conjugués Tnp/TAP/ERp57. Après la fixation du peptide antigénique (4), la molécule du CMH-I se dissocie du complexe pour être transportées à la membrane cellulaire. (d'après (Peaper and Cresswell, 2008)

La CRT est une protéine soluble de type lectine. Elle possède un rôle similaire à celui de la CNX en permettant le repliement et le maintien de la conformation de la molécule du CMH-I de manière dépendante aux Nglycanes monoglycosylées de la chaîne lourde du CMH-I (Sadasivan et al., 1996); (Wearsch et al., 2004).

La dernière molécule impliquée dans le PLC est la thio-oxydoréductase ERp57. Cette enzymes est un membre de la famille des protéines disulfure isomérase (PDI) qui favorise la formation de liaisons disulfures dans les glycoprotéines nouvellement synthétisées (Ellgaard and Ruddock, 2005). ERp57 agit comme intermédiaire entre la CRT et la Tnp. Elle forme, d'une part, une liaison covalente avec la Tnp en formant un pont disulfure entre la Cys 95 de la Tnp et la Cys 57 du site actif d'ERp57 (Dick and Cresswell, 2002). D'autre part, ERp57 s'associe de façon non covalente avec le domaine riche en proline de CRT (Leach et al., 2002); (Frickel et al., 2002); (Pollock et al., 2004).

Même si le mécanisme exact n'est pas encore connu, le PLC se dissocie lorsqu'un peptide est chargé dans le sillon de la chaîne lourde du CMH-I. Les complexes pCMH sont ensuite acheminés vers la surface des cellules via l'appareil de Golgi.

C. Les autres mécanismes d'apprêtements

Le mécanisme de présentation cité ci-dessus décrit la voie majoritairement empruntée par les cellules pour présenter les Ag sur les molécules du CMH-I. Cependant, certains peptides peuvent être présentés par les molécules du CMH-I en ne passant pas par cette voie. En effet, des voies alternatives spécifiques de cellules ou d'Ag ont été mises en évidence. Il est bien connu que les APC, et en particulier les DC, peuvent présenter des Ag exogènes sur les molécules du CMH-I grâce à la présentation croisée. De plus, l'inhibition du protéasome a permis de mettre en évidence des Ag apprêtés grâce aux peptidases cytosoliques ou endosoliques. Enfin, mon équipe a mis en évidence une nouvelle voie d'apprêtement passant par la signal peptidase (SP) et la signal peptide peptidase (SPP) spécifiques d'épitopes issus de peptides signal.

1. La présentation croisée

C'est en 1976 que le groupe de M.J. Bevan a décrit pour la première fois le mécanisme de présentation croisée (*cross-priming*). En effet, ils ont observé que les DC étaient non seulement capables de présenter des peptides d'origine exogènes aux lymphocytes T CD4 grâce au CMH-II, mais que certaines populations de DC étaient aussi capables de présenter ces mêmes Ag aux lymphocytes T CD8 naïfs par le CMH-I. Le rôle précis de la présentation croisée dans l'initiation des réponses immunitaires *in vivo* reste cependant un sujet de débat. Cette controverse est, au moins en partie, due à un manque de compréhension du mécanisme moléculaire qui détermine les voies de présentation croisée. Il ne fait aucun doute que les DC sont les principales actrices de la présentation croisée *in vivo* (Mellman and Steinman, 2001). Cependant, d'autres types cellulaires, tels que les macrophages ou les lymphocytes B, ont la capacité *in vitro* de présenter des Ag par cette voie (Giodini et al., 2009), même s'il est difficile de savoir si les voies intracellulaires impliquées sont similaires ou non à celles utilisées par les DC.

Les compartiments intracellulaires impliqués dans la présentation croisée ne sont pas encore bien définis. En effet, si certains Ag sont présentés par une voie dite « cytosolique » dépendante des protéasomes et du complexe TAP, d'autres sont présentés par une voie dite « vacuolaire » sans doute indépendante des molécules impliquées dans la voie de présentation classique par le CMH-I.

a) La voie vacuolaire

La voie vacuolaire est indépendante de l'activité des protéasomes et de TAP. Les Ag sont dégradés par les protéases lysosomales (« cystéines-protéases ») telle que la cathepsine S, contenues dans les endosomes, puis sont directement chargés sur des molécules du CMH-I (Campbell et al., 2000); (Shen and Rock, 2004); (Di Pucchio et al., 2008). Il est nécessaire que les phagosomes, ou les endosomes, contenant les peptides fusionnent avec les endosomes de recyclages, contenant des molécules du CMH-I, déjà chargées, mais qui pourraient potentiellement échanger leurs peptides avec les nouveaux peptides antigéniques (Di Pucchio et al., 2008) (Figure 9). Les complexes ainsi formés sont ensuite transportés à la surface cellulaire pour y être présentés.

b) Les voies cytosoliques dépendantes de TAP et du protéasome

Etant donné les différentes hypothèses quant au passage des Ag du phagosome au RE, il est nécessaire de parler de différentes voies cytosoliques, plutôt que d'une seule.

- Le premier modèle proposé est un modèle canonique avec un « échappement » des Ag contenus dans le phagosome. Dans ce modèle, les Ag présentés sont transférés des vésicules d'endocytose vers le cytosol, où ils sont dégradés par le protéasome puis rejoignent le RE suite à leur translocation via TAP pour être présentés par la voie classique (Figure 9). Les résultats en faveur de ce modèle incluent des études qui montrent que les Ag rejoignent le cytosol et que la présentation croisée peut être observée en l'absence de fusion entre les phagosomes et le RE, suggérant ainsi que les DC ont des endosomes perméables (Lin et al., 2008). En effet, plusieurs groupes ont montré que l'activité du transporteur TAP et l'activité des protéasomes sont essentielles à la présentation croisée. Le rôle du RE dans la présentation croisée a également été souligné par le fait que les Ag solubles internalisés peuvent suivre un transport rétrograde jusqu'à l'appareil de Golgi et finir par rejoindre le RE (Ackerman et al., 2005). Néanmoins, le mécanisme par lequel les Ag rejoignent le cytosol n'est toujours pas élucidé. Ceci pourrait reposer soit sur la formation de pores dans la membrane des endosomes, soit sur la rupture de la membrane des vésicules d'endocytose, ou encore sur un changement de composition de la membrane qui affecterait sa perméabilité et/ou sa stabilité (pour revue (Vyas et al., 2008). Cependant, des études récentes tentent à s'opposer à ce modèle. En effet, il semble qu'il puisse y avoir une co-localisation des Ag internalisés et des complexes pCMH (Burgdorf et al., 2007). De plus, l'activité de TAP dans les endosomes, et non dans le RE est nécessaire à la présentation croisée (Burgdorf et al., 2008). Enfin, une déficience en ERAP1 n'affecte pas la présentation croisée, suggérant ainsi que le mécanisme impliqué dans la présentation croisée est différent de celui de la voie de présentation directe et est indépendant du RE (Firat et al., 2007b).

- Le deuxième modèle suggère la fusion du phagosome avec le RE. Dans ce modèle, les Ag internalisés sont libérés dans le cytosol par un mécanisme non élucidé mais qui pourrait impliquer le canal Sec61. Sec61 est impliqué dans la rétro-translocation des protéines mal conformées depuis le RE vers le cytosol, mais il est également exprimé dans les phagosomes et pourrait y jouer un rôle similaire. Les Ag seraient ensuite dégradés par le protéasome, ré-importés dans les endosomes via le transporteur TAP, exprimé à leur membrane, et chargés sur des molécules du CMH-I dans les endosomes eux-mêmes grâce à la présence de protéines comme la CRT, la CNX ou encore ERp57 (Figure 9). L'origine des protéines normalement exprimées dans le RE reste assez controversée. Certains auteurs ont proposé qu'elles proviendraient de la fusion des endosomes avec le RE (Gagnon et al., 2002); (Guermonprez et al., 2003). Cependant, d'autres auteurs ont suggéré que la membrane du RE ne contribuerait que très faiblement à la composition du phagosome, dont la membrane serait majoritairement issue de la membrane plasmique et des endosomes, et aucune continuité entre RE et phagosome n'a été mise en évidence (Touret et al., 2005).

La limite de ce modèle réside aussi dans le fait que le canal Sec61 permettant le transport des Ag dans le cytosol aurait un diamètre trop limité pour permettre le passage de protéines entières (pour revue (Lin et al., 2008).

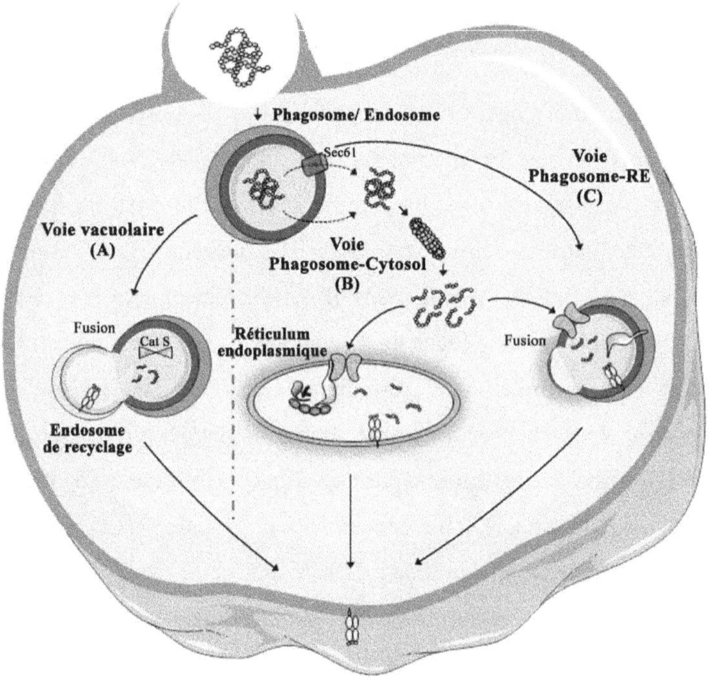

Figure 9 : Les voies de présentation croisée

Différentes voies de présentation croisée ont été décrites, la voie vacuolaire, la voie phagosome-cytosol et la voie phagosome-RE. **a)** Au niveau de la voie vacuolaire les peptides antigéniques sont apprêtés de manière indépendante du protéasome. Leur apprêtement a lieu dans le phagosome par l'intermédiaire d'une cystéine protéase, la Cathepsine S. **b)** La voie phagosome-cytosol suggère qu'après son internalisation par le phagosome, les Ag sont transporté dans le cytosol via SEC61, puis est pris en charge par la voie classique de présentation assurée par les protéasomes et les transporteurs TAP pour être chargés sur les molécules du CMH-I dans la lumière du RE. **c)** La voie phagosome-RE propose que les Ag soient libérés dans le cytosol pour être pris en charge par les protéasomes, mais que les transporteurs TAP pourraient rediriger les peptides issus du protéasome vers le phagosome ayant acquis plusieurs molécules (Tnp, TAP, CMH-I…), suite à une fusion avec le RE. De là, les peptides antigéniques seraient associés aux molécules CMH-I dans le phagosome avant d'être dirigés vers la surface cellulaire (d'après (Duan and Srivastava, 2012).

2. Les peptidases cytosoliques

La présence d'Ag endogènes apprêtés par des voies annexes à la voie dépendante des protéasomes et des molécules TAP a été mise en évidence grâce à l'utilisation d'inhibiteurs du protéasome ainsi que chez des souris déficientes pour les peptidases cytosoliques. C'est dans ce contexte que des aminopeptidases, communément utilisées lors de l'apprêtement par la voie classique, ont été étudiées, en particulier TPPII. Un rôle important de TPPII dans la dégradation des précurseurs peptidiques a ainsi été démontré notamment dans la génération d'épitopes de l'Ag Nef du HIV (Seifert et al., 2003) ; (Firat et al., 2007a) ; (Preta et al., 2008) ; (Grauling-Halama et al., 2009). Cependant, d'autres travaux n'excluent pas un rôle du protéasome dans cette voie d'apprêtement (Guil et al., 2006) ; (Wherry et al., 2006). En effet, la dégradation complète *in vitro* d'un Ag par TPPII n'a pas été rapportée (Endert, 2008).

Un rôle important de la métalloendopeptidase IDE (« *insulin-degrading enzyme* ») dans la génération d'un épitope issu de l'Ag MAGE-A3 a aussi été rapporté (Parmentier et al., 2010). Ces travaux suggèrent qu'une partie de MAGE-A3 est dégradée par le protéasome, mais qu'une autre partie est prise en charge par IDE sans contribution des autres peptidases cytosoliques, constituant ainsi deux ensembles de peptides antigéniques distincts.

3. Le cas particulier des protéines sécrétées

Comme pour le protéasome, l'inhibition des molécules TAP dans des lignées cellulaires et l'utilisation de souris déficientes en TAP ont permis de mettre en évidence des peptides antigéniques dont l'apprêtement est associés à un défaut de la voie classique d'apprêtement, les TEIPP (« *T cell epitopes associated with impaired peptide processing* ») (van Hall et al., 2006). Le mécanisme d'apprêtement de ces peptides est encore mal défini, mais certains d'entre eux peuvent être reconnus par les lymphocytes T CD8 (Lampen et al., 2010) ; (Oliveira et al., 2010). La plupart de ces peptides sont issus des protéines sécrétées apprêtées par les voies vésiculaires ou secrétoires. Parmis ces peptides, ceux issus des peptides signal de précurseurs protéiques sont apprêtés dans le RE par la SP et la SPP. Un rôle important des proprotéines convertases, en particulier la furine, dans l'apprêtement de peptide au niveau de l'appareil de Golgi a aussi été montré (voir pour revue (Del Val et al., 2011).

a) La voie SP-SPP

La plupart des épitopes provenant de peptides signal sont issus de bactéries ou de virus, et sont présentés par les molécules non-classiques HLA-E (Braud et al., 1998); (Wiker, 2009). Cependant des études faites sur des cellules T2, qui sont déficientes pour TAP, ont montré que les épitopes présentés sur les molécules HLA-A2 proviennent de séquences signal (Henderson et al., 1992), suggérant ainsi un mode d'apprêtement indépendant de TAP (Wolfel et al., 2000). Néanmoins, avant la découverte de l'épitope $ppCT_{16\text{-}25}$ faite au sein de mon équipe, aucun épitope tumoral issu de peptide signal et présenté sur les molécules classique du CMH-I n'avaient été identifié (El Hage et al., 2008b).

Les séquences signal jouent un rôle clé dans le ciblage et l'insertion dans la membrane du RE des protéines sécrétées. Elles sont généralement positionnées à l'extrémité N-terminale des protéines en cours de synthèse, mais elles peuvent, dans des cas beaucoup plus rares se situer à l'intérieur même de la protéine ou à l'extrémité C-terminale. Après l'insertion à la membrane du RE, la séquence *signal* peut être clivée du précurseur protéique grâce à une peptidase liée à la membrane, la SP. Le trait caractéristique des séquences *signal* est le noyau hydrophobe (region h) qui contient de six à quinze résidus. La région h est entourés de deux régions polaires, c et n, correspondant respectivement aux regions C- et N-terminales (von Heijne, 1990). L'analyse comparative d'un grand nombre de séquences *signal* a révélé une variabilité importante dans leur longueur, allant de quinze à plus de cinquante résidus, due principalement à une variation dans la région n (Heijne, 1986).

Après sa traduction, le peptide signal est clivé en C-terminal par un complexe de cinq sous-unités différentes appelé la SP, dont deux sont des sérines protéases et sont essentielles pour l'activité peptidase du complexe (Martoglio and Dobberstein, 1998). Une deuxième coupure est alors susceptible de survenir, au niveau de la bicouche lipidique du RE, par une protéase aspartique membranaire, la SPP, comportant sept à neuf domaines trans-membranaires putatifs. Des conformations particulières sont néanmoins indispensables à cette protéolyse (Martoglio, 2003); (Lemberg and Martoglio, 2004); (Golde et al., 2009). Une fois les coupures réalisées par la SP et la SPP, des petits fragments sont générés et libérés dans le cytosol et le RE (d'une taille d'environ 20 aa). Une fois dans le cytosol, les peptides peuvent être pris en charge par le protéasome pour générer l'extremité C-terminale adéquate et être transportés par le complexe TAP avant d'être présentés sur les molécules du CMH-I classique (HLA-A, -B, -C) ou atypiques (HLA-E). La présentation de peptides sur les molécules HLA-E permet aux cellules NK de reconnaître ces peptides grâce à leur récepteur CD94-NKG2. Les fragments générés dans le RE ont un accès direct au CMH-I, et peuvent donc être apprêtés directement au niveau du RE de manière indépendante des protéasomes et des molécules TAP (Arnold et al., 1992); (El Hage et al., 2008b) (Figure 10) .

a) La furine

La furine est une endopeptidase qui joue un rôle important dans la maturation des protéines au niveau du Glogi. Elle permet la génération de peptides antigéniques en clivant les précurseurs peptidiques à leur extrémité C-terminale, les rendant ainsi disponibles pour un chargement sur les molécules CMH-I. Les travaux réalisés chez la souris déficiente en molécules TAP ont permis de démontrer un rôle de la furine dans la génération d'épitopes viraux indépendamment de la voie classique (Gil-Torregrosa et al., 2000); (Medina et al., 2009). Le chargement de ces peptides sur les molécules du CMH-I reste néanmoins mal connu, mais ils seraient présentés par les molécules du CMH-I n'ayant pas été chargées préalablement.

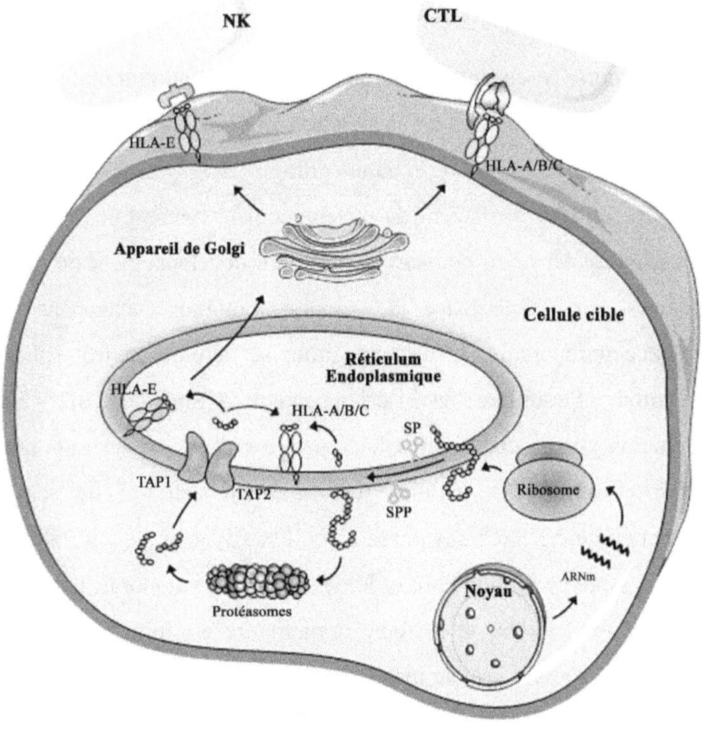

<u>Figure 10</u> : Apprêtement des peptides signal

Les fragments issus du clivage des peptides signal par la SP et la SPP peuvent être libérés dans le RE, où ils seront chargés directement sur les molécules du CMH-I indépendamment des protéasomes et des molécules TAP. Ces fragments peuvent aussi être libérés dans le cytosol où ils seront pris en charge par la voie d'apprêtement dépendante des protéasomes et des molécules TAP. Les peptides antigéniques issus de séquences *signal* peuvent être liés aux molécules du CMH-I classique (HLA-A, -B, -C) ou atypiques (HLA-E), pour être présentés dans ce cas aux cellules NK via les récepteurs CD94-NKG2 (d'après (Martoglio and Dobberstein, 1998).

III. L'ECHAPPEMENT TUMORAL AU SYSTEME IMMUNITAIRE

De nos jours, le concept d'immunosurveillance antitumorale est bien établi. Cette surveillance n'est cependant que la première partie d'un concept plus large appelé « immunoediting ». Le système immunitaire effectue un contrôle permanent du développement tumoral et exerce donc une pression de sélection pouvant conduire au développement de tumeurs secondaires par l'émergence de clones tumoraux échappant à la surveillance immunitaire. L'immunoediting se déroule en trois phases : l'élimination, l'équilibre et l'échappement (Dunn et al., 2002). L'élimination correspond à une phase active où le système immunitaire reconnaît et détruit les cellules tumorales. Si celles-ci ne sont pas totalement éliminées alors une phase d'équilibre dynamique s'installe entre l'action du système immunitaire et le développement tumoral. La pression de sélection exercée par le système immunitaire est forte et les cellules tumorales, grâce à leur grande instabilité génétique, peuvent s'y soustraire: c'est la phase d'échappement. Il existe différentes stratégies mises en place par les tumeurs pour échapper au système immunitaire. Les différents mécanismes peuvent être classés en deux groupes : ceux influençant la reconnaissance de la cellule tumorale, impliquant ainsi une modification au niveau de la présentation des Ag, et ceux influençant directement les cellules de la réponse immunitaire (Figure 11).

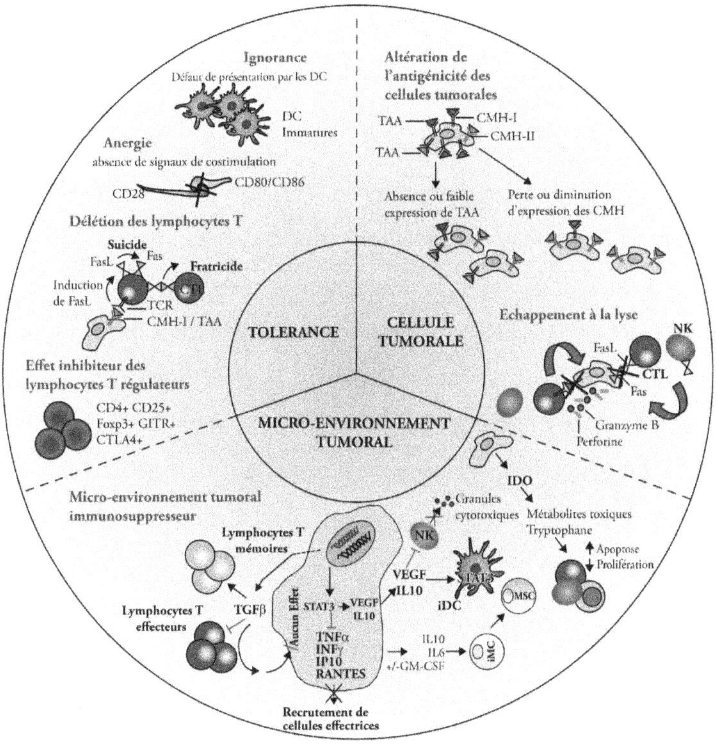

Figure 11 : Les différents mécanismes d'échappement utilisés par les cellules tumorales

Les tumeurs développent différents mécanismes pour échapper à la reconnaissance et à l'élimination par le système immunitaire. Ces mécanismes peuvent être regroupés en différentes catégories. Une première catégorie regroupe les mécanismes agissant directement sur les cellules tumorales, comme l'altération de l'antigénicité des cellules tumorales par la perte de la présentation de l'antigène et le développement d'une résistance à la lyse des CTL. La deuxième catégorie correspond aux mécanismes inhibant les effecteurs de la réponse immunitaire, comme l'ignorance, l'anergie et la délétion des CTL ou encore le recrutement des cellules régulatrices. Enfin, les cellules tumorales mettent en place un microenvironnement nuisif pour le développement d'une réponse immunitaire efficace (El Hage et al., 2008a).

A. Présentation inadéquate des antigènes par les cellules tumorales

Comme je l'ai déjà mentionnée, la présentation des TAA par les molécules du CMH-I aux lymphocytes T CD8 est un mécanisme majeur dans la réponse immunitaire spécifique. Il a été démontré par de nombreux groupes qu'une inhibition de la présentation des Ag peut se produire à une fréquence relativement élevée dans une multitude de tumeurs solides et hématopoïétiques (Ferrone and Marincola, 1995); (Campoli and Ferrone, 2008). Il s'agit de la stratégie d'échappement tumoral la plus étudiée, et plusieurs causes ont été décrites pour l'expliquer: la perte de l'expression des molécules HLA, l'altération des voies d'apprêtement des Ag ou encore l'inhibition de l'expression des TAA reconnus par les CTL.

1. Modulation de l'expression des molécules du CMH-I

L'expression des molécules HLA peut varier au cours de l'évolution de la tumeur, conséquence d'une sélection de certaines populations de cellules tumorales en réponse à la pression exercée par le système immunitaire. La modification de cette expression peut être, soit totale avec l'absence des six haplotypes HLA-A, HLA-B et HLA-C, théoriquement présents, soit partielle en touchant un seul allèle, un locus du chromosome 6, ou un ou deux haplotypes. Les mécanismes moléculaires responsables de ces anomalies sont nombreux et variés. Ils comprennent des altérations génétiques de la synthèse de β2m ou des gènes codant la chaîne lourde du CMH-I, des modifications epigénétiques de ces mêmes gènes et l'induction de voies de signalisation régulant leur expression (Garrido et al., 1993); (Garrido et al., 1997); (Marincola et al., 2000).

a) Modification génétique et épigénétique des gènes HLA

Les cellules tumorales sont caractérisées par leur grande instabilité génétique se traduisant par l'accumulation de plusieurs milliers de mutations, de translocations et de délétions. Cette instabilité est en grande partie responsable de la perte de l'expression des molécules du CMH-I qui permet ainsi aux cellules tumorales d'être ignorées par le système immunitaire (Garrido and Algarra, 2001). Plus récemment, les événements épigénétiques associés au développement et à la progression tumorale ont été démontrés. À cet égard, ces modifications jouent un rôle crucial dans la modification de l'expression du CMH-I (Magner et al., 2000); (Khan et al., 2004); (Chang et al., 2005a). L'épigénétique fait référence aux changements d'expression génique qui ne peuvent pas être expliqués par des changements dans la séquence d'ADN. La régulation épigénétique comprend les mécanismes transcriptionnels et post-transcriptionnels. Un des principaux mécanismes épigénétiques identifié au sein des tumeurs est la méthylation des cytosines dans les îlots CpG. Les histones jouent également un rôle important dans le contrôle de l'expression génique et de la structure de la chromatine et ils interagissent étroitement avec les mécanismes de méthylation de l'ADN. Les modifications épigénétiques des histones, par acétylation ou par méthylation, participent aussi à la perte de l'expression des molécules du CMH-I, avec ou sans hyperméthylation des îlots CpG (Esteller, 2006); (Lettini et al., 2007). Il est à noter que, contrairement à des altérations génétiques, les modifications épigénétiques peuvent, dans certains cas, être inversées avec des agents pharmacologiques qui induisent l'hypométhylation de l'ADN et la désacétylation des histones, permettant ainsi de rétablir l'expression des gènes du CMH-I (Campoli and Ferrone, 2008).

b) <u>L'induction des molécules non-classiques du CMH-I</u>

Depuis dix ans, les études sur l'expression des molécules du CMH-I se sont étendues aux molécules non classiques telles que HLA-G, HLA-E et HLA-F (Chang and Ferrone, 2003); (Ye et al., 2007); (Yie et al., 2007). Les études portant sur les molécules non classiques du CMH-I se sont principalement portées sur la molécule HLA-G, car elle était déjà décrite pour son implication dans la tolérance immunitaire fœto-maternelle. Malgré de nombreuses études, seules quelques unes ont étudié l'impact de son expression dans le cancer. Différentes études se sont axées sur les caractéristiques phénotypiques de lignées de cellules cancéreuses et des biopsies de cancer, tandis que d'autres ont traité plus particulièrement de la modulation de la transcription de HLA-G. Néanmoins, l'ensemble de ces études a démontré que HLA-G est exprimée dans une grande variété de tumeur, telles que le cancer du sein, le cancer de la vessie, le cancer du poumon ou encore dans les lymphomes (Chang and Ferrone, 2003); (Davidson et al., 2005); (Ye et al., 2007); (Yie et al., 2007). Certains isoformes de HLA-G ont également été détectés au niveau des cellules immunitaires infiltrant le microenvironnement tumoral, comme par exemple les TIL présents dans le cancer du col de l'utérus, ou bien les DC et les macrophages dans le cancer du poumon (Pangault et al., 2002).

2. Altération de l'apprêtement de l'antigène

La diminution de l'expression du CMH-I à la surface des cellules tumorales n'est pas simplement due aux modifications génétiques et épigénétiques touchant les gènes codant pour les molécules HLA. Comme cela à été décrit dans le chapitre II, ces molécules doivent être chargées avec des peptides pour qu'elles puissent être exprimées à la surface des cellules tumorales. Ainsi, la réduction du nombre de complexe pCMH à la surface des cellules est souvent accompagnée d'une expression altérée d'une ou de plusieurs protéines impliquées dans l'apprêtement de ces Ag (Seliger et al., 2001b); (Seliger, 2008); (Kamphausen et al., 2010). La perte de ces protéines est généralement associée à une progression et/ou une récidive précoce de la maladie (Meissner et al., 2005).

Toutes les étapes de l'apprêtement des Ag ont été décrites comme pouvant être régulées négativement dans les cellules tumorales (Figure 12). Au niveau de la dégradation des Ag, les molécules les plus fréquemment altérées sont les composants de l'immunoprotéasome, LMP-2 et LMP-7 (Shen et al., 2007), ainsi que ERAP1 (Kamphausen et al., 2010). En ce qui concerne le transport des peptides dans le RE, de nombreuses études montrent une diminution de l'expression des sous-unités TAP1 et TAP2 au sein des cellules tumorales, même si TAP1 semble être majoritairement touché et que cela influence directement l'expression de TAP2 (Seliger et al., 2001a). Enfin, les composants du PLC sont aussi souvent altérés. Même si quelques études se sont intéressées à la CXN et la CRT (Dissemond et al., 2004), la plupart de ces études s'intéresse à l'inhibition de la Tnp lors de la croissance tumorale.

A l'exception de quelques rares exemples retrouvés dans certains cancers du poumon à non petites cellules (CBNPC), cancer du col de l'utérus ou de lignées de mélanome, les modifications structurelles dans les gènes TAP1, Tnp et LMP- 2/ -7 semblent être rare (Seliger, 2008); (Khan et al., 2008). Sur la base de la faible fréquence d'anomalies de séquence, il a été suggéré que ces molécules sont principalement modulées au niveau épigénétique, transcriptionnelle et/ou post-transcriptionnelle. Cette hypothèse est appuyée par les activités hétérogènes des promoteurs de ces gènes détectées dans plusieurs lignées tumorales de différents types histologiques suggérant ainsi une régulation transcriptionnelle de leur expression (Seliger, 2008).

3. Perte de l'expression des antigènes associés aux tumeurs

L'expression des Ag tumoraux est souvent hétérogène même au sein de tumeurs de même type histologique. La diminution de l'expression de ces Ag est souvent corrélée à une progression de la maladie (de Vries et al., 1997). Cette perte d'expression est assimilée à un mécanisme d'échappement à la réponse antitumorale induite lors des traitements thérapeutiques. A l'heure actuelle, aucune étude n'a pu démontrer que la perte d'expression des Ag tumoraux joue un rôle dans l'échappement tumoral, mais il s'agirait plutôt d'une conséquence de la pression de sélection que subissent les cellules tumorales. Ainsi, au cours de l'échappement tumoral, des variants tumoraux ne présentant plus les Ag reconnus par le système immunitaire prolifèrent (Riker et al., 1999); (Spiotto et al., 2002); (Cabrera et al., 2007). L'absence de ces Ag est, en règle générale, due à une inhibition des voies de leur apprêtement. Néanmoins, des mutations ponctuelles au niveau des gènes qui codent ces Ag pourraient aussi expliquer la perte de leur expression et l'émergence de variants résistants.

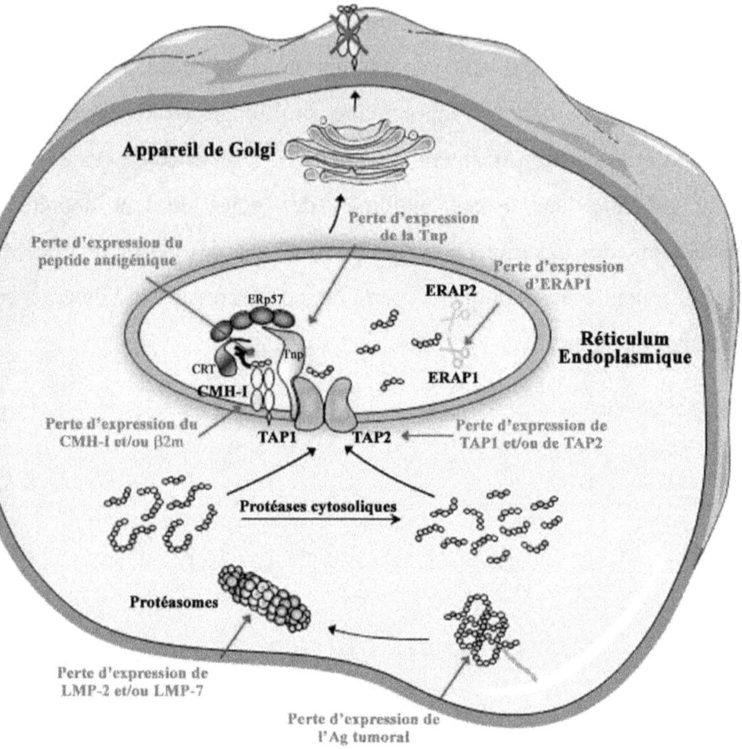

Figure 12 : L'échappement tumoral à la reconnaissance des antigènes

Différentes altérations de l'apprêtement et de la présentation du peptide antigénique peuvent conduire à une absence de reconnaissance de la cellule tumorale par les lymphocytes T CD8. Il peut s'agir d'une perte d'expression des sous-unités LMP-2 et LMP-7 de l'immunoprotéasome, d'une altération des transporteurs TAP1 et TAP2, d'une perte d'expression des chaînes lourdes du CMH-I, de la β2m ou des Ag tumoraux.

B. Inhibition de la réponse immunitaire par les cellules tumorales

La perte de l'expression des complexes pCMH à leur surface n'est pas le seul mécanisme utilisé par les cellules tumorales pour échapper au système immunitaire. Les cellules tumorales agissent aussi directement sur la réponse immunitaire en inhibant l'effet lytique des CTL et en modifiant le microenvironnement.

1. Inhibition de l'effet lytique des lymphocytes T cytotoxiques

La susceptibilité de la cellule tumorale à la lyse par les CTL constitue un élément déterminant qui conditionne l'efficacité de la réponse antitumorale. Plusieurs mécanismes de résistance aux fonctions lytiques des CTL ont ainsi été décrits (Gati et al., 2003). Ces mécanismes peuvent être impliqués dans la formation de la SI, en induisant une modulation négative des molécules de costimulation ou des molécules d'adhésion. Ils peuvent aussi être impliqués dans une résistance directe à l'apoptose ou encore induire l'apoptose des CTL.

a) Modulation des molécules d'adhésion impliquées dans l'interaction avec les lymphocytes T

La formation de la SI entre un CTL et une cellule tumorale est primordiale pour déclencher une réponse cytotoxique. Comme cela à été décrit dans le chapitre I, plusieurs molécules sont nécessaires à la formation et à la transduction du signal permettant de déclencher la lyse. Les cellules tumorales développent des stratégies pour inhiber la formation de cette synapse.

Les molécules d'adhésion, comme ICAM-1 ou encore l'E-cadhérine, jouent un rôle essentiel dans la formation de la SI et dans la polarisation des granules cytotoxiques (Anikeeva et al., 2005); (Le Floc'h et al., 2007). Ainsi, la diminution de l'expression des molécules d'adhésion, en particulier ICAM-1, à la surface des cellules tumorales reste un des mécanismes majeurs d'échappement à l'immunosurveillance (Braakman et al., 1990). Il a été montré que l'augmentation de l'expression d'ICAM-1 inhibait la croissance tumorale et la survenue de métastases (Tachimori et al., 2005), alors que son inhibition permettait une résistance à la lyse par les CTL en activant la voie de survie PI3K/AKT (Hamai et al., 2008).

b) <u>Résistance de la cellule tumorale à la lyse</u>

En plus de l'inhibition de la reconnaissance et de la formation de la SI cytotoxique, les cellules tumorales peuvent développer une résistance directe aux voies pro-apoptotiques utilisées par les CTL.

Plusieurs mécanismes de résistance à la voie perforine/Gr ont été décrits dans différents modèles tumoraux. Il s'agit de mécanismes interférant d'une part avec la polarisation ou l'exocytose des granules cytotoxiques (Radoja et al., 2001) et d'autre part avec la signalisation pro-apoptotique de cette voie. Il a été mis en évidence que l'inhibition de cette signalisation peut être due à une expression par les cellules tumorales de la serpine nucléocytoplasmique PI-9 (« *protease inhibitor 9* ») (Medema et al., 2001);

(Bladergroen et al., 2002). En outre, il a été décrit que les voies mitochondriales sont souvent altérées dans les cellules tumorales. Ces altérations incluent la surexpression des protéines anti-apoptotiques comme Bcl-2, Bcl-XL, Mcl-1 et des IAP (« *inhibitor of apoptosis protein* »), ou encore des mutations entraînant une perte d'expression des protéines pro-apoptotiques telles que Bax, Bak ou Apaf-1 (Fulda and Debatin, 2004); (Hersey et al., 2006); (Zhang and Rosdahl, 2006). Par ailleurs, certaines études ont montré que dans des conditions particulières, les IFN de type I et II induisent une résistance à la lyse par la voie perforine/Gr en induisant une résistance à la perméabilisation par la perforine et en diminuant la capacité à incorporer le GrB (Hao et al., 2001); (Willberg et al., 2007); (Hallermalm et al., 2008).

Plusieurs mécanismes impliqués dans la résistance à la voie des recepteurs à domaine de mort sont également décrits. Ainsi, il a été souvent observé une diminution d'expression membranaire de ces récepteurs, en particulier Fas (Wohlfart et al., 2004); (Jin et al., 2004). De plus, des récepteurs solubles de Fas peuvent être sécrétés par les cellules tumorales, interférant ainsi avec le récepteur membranaire (Ugurel et al., 2001). Par ailleurs, de nombreux mécanismes semblent interférer avec les différentes étapes de la cascade de transduction du signal apoptotique. Ainsi, des mécanismes altérant la formation du DISC ont été décrits (Zhang and Fang, 2005). Un autre mécanisme majeur concerne l'induction de protéines, comme c-FLIP ou PEA-15, inhibant l'activation de la procaspase-8 ou son interaction avec le complexe FADD (Zhang et al., 1999); (Geserick et al., 2008).

c) Elimination des lymphocytes T cytotoxiques

Lors de leur échappement à la réponse immunitaire, les cellules tumorales peuvent induire l'apoptose des CTL exercées par différents mécanismes impliquant la voie des récepteurs à domaine de mort et conduisant ainsi à un état dit de « tolérance périphérique ». Le premier de ces mécanismes repose sur l'expression de FasL par les cellules tumorales soit à leur membrane soit à la surface de micro-vésicules sécrétées, ce qui pourrait engager le recepteur Fas qui est exprimé par les CTL (Andreola et al., 2002). Ce mécanisme, connu sous le terme de modèle de « contre-attaque » reste néanmoins sujet à controverse suite à de nombreux travaux contradictoires montrant un rôle pro-inflammatoire de FasL permettant une infiltration massive par des neutrophiles et conduisant ainsi au rejet de la tumeur (Igney and Krammer, 2005). Le second mécanisme fréquemment décrit correspond à l'induction de l'AICD (« a*ctivation inducted cell death* »). En effet, l'activation continue des CTL par un Ag spécifique induit une expression de FasL, soit sous forme membranaire soit sous forme soluble, induisant leur propre mort (suicide) ou la mort des lymphocytes T avoisinants (fratricide) (Khong and Restifo, 2002); (Molldrem et al., 2003); (Prado-Garcia et al., 2011).

Il a été également décrit dans de nombreux cancers l'expression d'autres molécules pouvant induire la mort par apoptose des CTL. Une des molécules exprimées par les cellules tumorales est B7-H1 (aussi appelé PD-L1) ligand du récepteur PD-1 qui est exprimé à la surface des CTL. L'interaction de PD-L1 avec son recepteur entraîne une diminution de l'expression des TCR à la membrane puis une apoptose des lymphocytes T spécifiques (Dong and Chen, 2003); (Konishi et al., 2004); (Blank et al., 2005). Récement, un nouveau membre de la famille des B7, B7-H4, a été identifié dans plusieurs types de cancer permettant d'inhiber la croissance et la cytotoxicité des lymphocytes T en arrêtant le cycle cellulaire. (Sica et al., 2003); (Sun et al., 2006); (Cheng et al., 2009). Une autre molécule exprimée par de nombreuses cellules tumorales a été mise en évidence, il s'agit de la molécule RCAS1 (« *Receptor-binding Cancer Antigen expressed on Siso cells* ») (Takahashi et al., 2001); (Sonoda, 2011). L'expression de RCAS1 permet aux cellules tumorales d'induire un arrêt de la prolifération des lymphocytes T et leur entrée en apoptose en déclenchant le relargage du cytochrome c et en activant le clivage de la procaspase-3 (Nakashima et al., 1999); (Nishinakagawa et al., 2010).

2. Mise en place d'un microenvironnement protumoral

Lors de la croissance tumorale, les cellules modifient leur microenvironnement pour le rendre favorable à leur développement et pour lutter contre les attaques des cellules du système immunitaire. Les modifications génétiques que subissent les cellules tumorales conduisent à l'activation constitutive de plusieurs voies pro- ou anti-inflammatoire telles que NF-κB, STAT3 ou HIF1α (Mantovani et al., 2008). Ces facteurs de transcription induisent la production de diverses molécules, comme des cytokines, des chimiokines ou encore des facteurs de croissances, permettant la croissance tumorale, mais également l'échappement au système immunitaire en inactivant certaines cellules effectrices ou en recrutant des cellules immunosuppressives.

a) Production de cytokines immunosupressives

Une multitude de facteurs immunosuppresseurs sont retrouvés dans le microenvironnement tumoral comme par exemple le TGF-β1 (« *Tumor growth factor* »), l'IL-10, ou le VEGF (« *Vascular endothelial growth factor* »). Ces facteurs immunosuppresseurs proviennent en partie des cellules tumorales elles-mêmes ou des cellules résidentes (ex : adipocytes, fibroblastes, cellules endothéliales) répondant à des lésions tissulaires. Ces cytokines dérivent aussi des cellules hématopoïétiques migratoires notamment les NK, les lymphocytes T, les neutrophiles, les mastocytes, les DC et les cellules régulatrices (Kiessling et al., 1999). De plus, en condition d'hypoxie, les cellules tumorales augmentent leur sécrétion de cytokines et chimiokines pro-inflammatoires, comme le TNF-α, l'IL-6, l'IL-1 et l'IL-17, ce qui facilite leur communication avec le tissus sain de l'hôte et participe ainsi au développement et à la progression tumorale.

- Le TGF-β1 est secrété abondamment par la tumeur. En fonction de la nature de la cible, le TGF-β1 favorise ou inhibe la prolifération, l'apoptose et la différenciation cellulaire (Chen et al., 2001). Des mutations survenant au niveau de la voie de signalisation du TGF-β conduisent à une prolifération incontrôlée des cellules tumorales dans plusieurs cancers. En outre, le TGF-β1 permet le recrutement des cellules T régulatrices (Treg) du système immunitaire et leur activation en induisant l'expression du facteur de transcription FoxP3 (Li et al., 2006). Cependant, le TGF-β1 peut aussi induire l'activation du système immunitaire. En effet, le TGF- β1 permet l'activation des lymphocytes T CD8 grâce à l'induction de l'expression du CD103 ((Le Floc'h et al., 2007).

- L'IL-10 est fréquemment détectée dans le sérum des patients atteints de cancer. Cette cytokine a un rôle important dans l'inhibition de la différenciation et de la fonctionnalité des DC, en les empêchant de produire l'IL-12, favorisant ainsi l'anergie des CTL spécifiques (Steinbrink et al., 1997); (Steinbrink et al., 2002). De plus, l'IL-10 a un effet inhibiteur sur la présentation antigénique par les DC (Sharma et al., 1999) ou les cellules tumorales en diminuant l'expression des molécules du CMH-I et -II, qui est associée à celles de TAP1 et TAP2 (Salazar-Onfray et al., 1997); (Zeidler et al., 1997). Enfin, l'IL-10 permet aussi de stimuler la prolifération et d'inhiber l'apoptose des cellules tumorales (Mocellin et al., 2005).

- Plusieurs études ont mis en évidence des taux élevés de VEGF dans différents cancers dont le cancer du sein, du poumon et du rein. En plus de son rôle pro-angiogénique, le VEGF est connu pour son rôle dans l'inhibition de la différenciation et de la maturation des DC (Ohm et al., 2003) en bloquant le facteur de transcription NF-κB. Une corrélation entre la diminution du nombre de DC et l'augmentation de VEGF a pu être observée et a été associée à un mauvais pronostic dans différents modèles de cancer (Saito et al., 1998); (Chow and Rabie, 2000); (Gorski et al., 2003).

La majorité des molécules qui inhibent la maturation des DC, inhibe aussi l'expression des molécules de costimulation CD80/CD86 et CD40.

L'absence de ces molécules engendrent une anergie lymphocytaire (Schwartz, 1996), voire un état tolérogène des CTL vis-à-vis des Ag.

b) Recrutement de cellules régulatrices

De nombreuses tumeurs détournent le système immunitaire en l'activant contre lui-même. A cette fin, elles induisent ou recrutent des cellules régulatrices qui servent normalement à protéger l'organisme contre l'inflammation ou l'autoimmunité. Ainsi des Treg, des macrophages associés aux tumeurs (TAM) ou encore des cellules suppressives dérivées des myéloïdes (MDSC) ont été décrits pour constituer le microenvironnement tumoral et lutter contre le système immunitaire pour permettre l'échappement des tumeurs.

- De nombreux groupes ont montré la présence d'un nombre élevé de Treg dans le sang périphérique ou dans les TIL de patients souffrant de nombreux cancers (notamment les cancers du poumon (Woo et al., 2001) et du sein (Liyanage et al., 2002), les mélanomes (Wang et al., 2004) ou les lymphomes (Yang et al., 2006)). Il apparaît donc que l'immunosuppression induite par les cellules Treg correspond à une stratégie majeure d'échappement tumorale à l'immunosurveillance (Wang and Wang, 2007); (Darrasse-Jeze et al., 2009). Plusieurs théories ont été développées pour expliquer l'origine des Treg présents au site tumoral. Certaines de ces cellules seraient des Treg naturels de phénotype $CD4^+/CD25^+/Foxp3^+$, produites par le thymus et attirées sur le site tumoral par des chimiokines (CCL5) (Chang et al., 2012) et des cytokines (l'IL-10 et le TGFβ). Une autre hypothèse stipule que des lymphocytes T naïfs, de phénotype

$CD4^+/CD25^-/Foxp3^-$, peuvent être convertis en Treg au niveau du site tumoral (Walker et al., 2003); (Walker et al., 2005). Cette conversion semble dépendante de la nature du microenvironement tumoral, qui est riche en DC immatures et en cytokines du type TGF-β1 et IL-10. Ces DC immatures ont la particularité de présenter une faible concentration d'Ag et de possèder peu ou pas de molécules de costimulation. Il a été montré dans divers modèles que la stimulation de lymphocytes T naïfs par ces DC immatures permet leur conversion en lymphocytes possédant des fonctions régulatrices (Kretschmer et al., 2005). Par ailleurs, les cellules tumorales secrètent de l'IL-10 et du TGF-β1, ce qui favorise la génération de Treg à partir de lymphocytes T naïfs (Chen et al., 2003); (Huang et al., 2006). Les études menées sur les Treg ont permis de mettre en évidences quatres mécanismes d'immunosuppression : la suppression par des cytokines inhibitrices telles que l'IL-10, l'IL-35 et le TGF-β1; l'induction de la cytolyse induite par le GrB (Gondek et al., 2005); (Cao et al., 2007); la pertubation métabolique en privant les lymphocytes T des cytokines nécessaires à leur prolifération, comme l'IL-2 et l'IL-7 (Pandiyan et al., 2007), et l'inhibition de la fonction des DC par l'expression du CTLA-4 (Fallarino et al., 2003).

- Les TAM sont retrouvés dans le microenvironnement tumoral. A la différence des macrophages retrouvés dans les tissus sains, les TAM présentent une faible capacité à lyser les cellules tumorales, à présenter les Ag aux lymphocytes T et à secréter des cytokines favorisant la prolifération et les fonctions antitumorales des CTL. De plus, ils peuvent reconnaître la molécule B7-H4 exprimée par les cellules tumorales et favoriser ainsi l'échappement tumoral (Chen et al., 2012). Les cellules tumorales et les Treg sont capables de polariser sélectivement les TAM vers un phénotype immunosupresseur par la production de GM-CSF, d'IL-10 et de TGF-β (Elgert et al., 1998); (Tiemessen et al., 2007) En plus de leur rôle dans l'inhibition de la réponse immunitaire antitumorale, ces cellules semblent également jouer un rôle direct dans le développement des tumeurs en sécrétant un grand nombre de facteurs de croissance qui stimulent la prolifération des cellules tumorales (Murdoch et al., 2008).

- Les MDSC représentent une population hétérogène de cellules immatures, comprenant des progéniteurs myéloïdes, des neutrophiles, des monocytes et des DC, qui ont la capacité d'inhiber la réponse immunitaire chez des patients cancéreux (Murdoch et al., 2008); (Peranzoni et al., 2010). Dans le microenvironnement tumoral, les MDSC peuvent se différencier en TAM (Gabrilovich and Nagaraj, 2009). Il semblerait aussi que les MDSC soient issues d'un retard dans le développement myéloïde causé par des cytokines et des facteurs de croissance libérés dans le microenvironnement tumoral (comme le GM-CSF, l'IL-3, le M-CSF, l'IL-6 ou le VEGF) (Liu et al., 2003). Ces cellules agissent principalement en inhibant les fonctions antitumorales des cellules effectrices. En effet, les MDSC peuvent altérer les fonctions cytotoxiques des CTL en sécrétant différentes cytokines immunosuppressives, mais également des dérivés de l'oxygène telles que les peroxynitrites (Gabrilovich and Nagaraj, 2009). De plus, il semblerait que le microenvironnement tumoral ne soit pas le seul facteur d'activation des MDSC. Le niveau d'activation des CTL serait aussi un facteur déterminant pour le déclenchement du mécanisme de l'immunosuppression par les MDSC (Solito et al., 2011).

IV. CANCERS BRONCHIQUES ET IMMUNO-THERAPIES

A. Les cancers bronchiques

1. Epidémiologie

Peu répandu jusqu'au début du vingtième siècle, l'incidence des cancers broncho-pulmonaires suit une croissance exponentielle depuis les années 30. Dès 1985, le cancer du poumon est devenu la première cause de décès par cancer chez l'homme dans le monde.

a) <u>Incidence</u>

Avec environ 35 000 nouveaux cas estimés en 2010, dont 73 % survenant chez les hommes, le cancer du poumon se situe au quatrième rang des cancers, tous sexes confondus, à un niveau proche du cancer colorectal. Il représente 10 % de l'ensemble des nouveaux cas de cancers et se place au deuxième rang des cancers masculins avec 25 000 nouveaux cas, soit 13,3 % de l'ensemble des nouveaux cas de cancers, derrière le cancer de la prostate. Chez la femme, il se place au troisième rang avec 10 000 nouveaux cas, soit 6,5 % de l'ensemble des nouveaux cas, après le cancer du sein et le cancer colorectal. Environ 50 % de ces cas se déclarent avant 65 ans et jusqu'à 50 ans, l'incidence du cancer du poumon est voisine pour les deux sexes. Au-delà, l'augmentation régulière est plus forte pour l'homme que pour la femme, avec une incidence environ 4 fois plus élevée chez l'homme que chez la femme.

Les tendances évolutives de l'incidence sont différentes selon le sexe. Chez l'homme, l'augmentation de l'incidence observée jusqu'à la fin des années 1990 s'est inversée au cours des années 2000. Le taux d'incidence standardisé est passé de 51,9 à 50,5 pour 100 000 cas entre 2000 et 2005 soit une amorce de décroissance moyenne annuelle de 0,5 %. Cette évolution s'inscrit dans le contexte de la diminution de la consommation tabagique en France, tendance également observée dans les pays développés comme en Grande-Bretagne ou aux États-Unis. En revanche, chez la femme, l'augmentation de l'incidence se confirme avec un taux passant de 3,6 en 1980 à 12,6 pour 100 000 cas en 2005, soit un taux de variation annuelle de 5,1 %. Cette tendance évolutive, en lien avec l'évolution du tabagisme chez la femme, est également observée dans la plupart des pays occidentaux. En 2010, l'incidence a suivie la tendance observée entre 2000 et 2005 avec 51,9 cas pour 100 000 hommes et 17,8 cas pour 100 000 femmes.

b) Mortalité

Le cancer du poumon est un cancer de mauvais pronostic. Les taux de survie relative à 1 et 5 ans des patients diagnostiqués entre 1989 et 1997 sont respectivement, de 43 % et 14 %. Les données du réseau Francim montrent un pronostic moins favorable pour les patients de plus de 75 ans

(8 %) que pour les plus jeunes (20 % chez les 15-45 ans). Au fil des années, ce taux reste stable. En effet, aucune amélioration de la survie n'a été observée en France entre 1989-1991 et 1995-1997 (Bossard et al., 2007).

2. Les différents types de cancers broncho-pulmonaires

Les cellules du tissu pulmonaire réagissent différemment selon les différents types d'agents cancérigènes auxquelles elles sont exposées. Ainsi, le cancer bronchique peut être divisé en deux grandes catégories selon l'aspect des cellules cancéreuses mis en évidence sous un microscope : les CBNPC et les cancers bronchiques à petites cellules (CBPC).

a) Les cancers bronchiques non à petites cellules

Les CBNPC représentent environ 75 à 80 % de l'ensemble des cancers bronchiques. Il s'agit généralement d'une maladie à évolution lente qui ne se propage pas rapidement. Les CBNPC regroupent trois types de tumeurs selon les cellules concernées :

- *L'adénocarcinome bronchique*

L'adénocarcinome (ADC) bronchique représente environ 40% de l'ensemble des CBNPC. Cette forme de cancer bronchique était le plus souvent observée chez les non-fumeurs et les femmes. Aujourd'hui, les fumeurs sont de plus en plus souvent atteints d'ADC. Selon les dernières observations épidémiologiques, cette augmentation serait en lien avec une amélioration de leur détection et des habitudes tabagiques en évolution, notamment à cause des cigarettes « lights » sur lesquelles les fumeurs « tirent » plus fortement. Elles engendrent des lésions différentes de celles observées jusqu'à présent. En effet, elles sont situées plutôt en périphérie du poumon. Cette catégorie de tumeurs regroupe plusieurs sous-types dont le carcinome bronchio-alvéolaire qui se développe à partir des cellules constituant les alvéoles.

- *Le carcinome épidermoïde*

Le carcinome épidermoïde est fortement lié au tabac et représente environ 40% de l'ensemble des CBNPC. Il se développe habituellement dans les grosses bronches situées dans la partie centrale du poumon.

- *Le carcinome à grandes cellules*

Le carcinome à grandes cellules représente quant à lui environ 20% des CBNPC et comme les autres types de CBNPC, il est lié à la consommation de tabac. Il se distingue des autres formes notamment par son caractère indifférencié et peut être situé n'importe où dans les poumons. De plus, la croissance des carcinomes à grandes cellules est plus rapide que pour les autres formes de CBNPC.

b) Les cancers bronchiques à petites cellules

Les CBPC représentent 20 à 25 % de l'ensemble des cancers bronchiques. 95% des CBPC sont liés au tabac. Cette tumeur se développe à partir de cellules neuroendocrines qui tapissent l'épithélium des poumons. Elle prend naissance dans les bronches situées près du centre du thorax. Les CBPC ont la particularité d'être agressifs, et de métastaser rapidement, principalement vers les os, la moelle osseuse, le foie, les glandes surrénales et le cerveau.

3. Les facteurs de risques

Grâce à de nombreuses recherches, les mécanismes conduisant au développement de certains cancers sont maintenant mieux connus. Cependant, hormis les cancers viro-induits, il reste difficile de déterminer avec précision les causes de tous ces cancers, dont les causes sont souvent multiples. En effet, la plupart des cancers semblent être le résultat d'un ensemble complexe de facteurs de risque comme l'hérédité, les choix de vie et l'exposition à des carcinogènes présents dans l'environnement. Le rôle d'un certain nombre de facteurs de risque dans la survenue du cancer bronchique a été prouvé, dont le tabac qui reste le premier facteur. Son rôle a été non seulement mis en lumière grâce à des études épidémiologiques, mais son effet cancérigène a également été confirmé (Jamrozik, 2006). De plus, d'autres facteurs ont aussi été identifiés ayant une influence sur le développement des cancers bronchiques, tels que l'amiante (Imbernon et al., 2005), les hydrocarbures polycyclines aromatiques (Samet, 2004) ou les radiations.

4. Les antigènes associés aux cancers pulmonaires

Plusieurs Ag ont été identifies dans les cancers pulmonaires. La plupart d'entre eux sont issus d'une mutation génique ou de la surexpression de gène, notamment MUC1 (Kuemmel et al., 2009) et HER2/Neu (Yoshino et al., 1994)

- La protéine MUC1 appartient à la famille des mucines constituée de plus d'une vingtaine de membres. C'est une glycoprotéine positionnée au pôle apical de nombreuses cellules épithéliales. Dans les cellules tumorales, en particulier dans les adénocarcinomes, la protéine MUC1 est souvent surexprimée de façon diffuse sur toute la membrane cytoplasmique et non plus de façon polarisée et apicale. Son immunogénicité dans les tissus tumoraux, associée à sa présentation extracellulaire, en fait une cible tout à fait appropriée pour une immunothérapie antitumorale. La protéine MUC1, exprimée par environ 30 à 70 % des cancers bronchiques (Sangha and Butts, 2007), est globalement associée à un pronostic défavorable (Guddo et al., 1998).

- HER2 est une protéine de la famille des récepteurs membranaires HER (« *Human Epidermal growth factor Receptor* »). Les mutations de HER2 sont impliquées dans l'oncogenèse de certains cancers comme le cancer du sein ou de l'estomac. Dans le CBNPC, des amplifications de HER2 sont retrouvées dans environ 20% des cancers, mais les mutations de ce gène représentent uniquement 1 à 4% des cas (Tomizawa et al., 2011).

- Plus recemment, notre équipe a identifié un nouveau Ag, la préprocalcitonine (ppCT) codé par le gène *CALCA*. Ce gène est situé sur le chromosome 11p, et code la calcitonine (CT) et le « *calcitonin gene-related peptide* » (CGRP; (Amara et al., 1982); (Rosenfeld et al., 1983). Le CGRP est un peptide de 37 aa multi-fonctionnel résultant d'un épissage alternatif du transcrit primaire du gène *CALCA* (Rosenfeld et al., 1983) (Figure 13). Il a été initialement décrit au niveau du système nerveux central et périphérique, et un effet vasodilatateur lui a été attribué (Wimalawansa, 1996). Depuis, il est devenu évident que ce peptide est exprimé par une large variété de cellules, avec un effet sur la croissance et la différenciation (Segond et al., 1997), la migration (Nagakawa et al., 2001) et l'adhésion (Sung et al., 1992) cellulaire. La CT est une hormone composée de 32 aa. Sa synthèse débute par la traduction du précurseur protéique ppCT après transcription du gène *CALCA* et la maturation du transcrit primaire (Steenbergh et al., 1986). L'hormone est par la suite libérée de la ppCT au sein de cellules issues de tissus spécifiques (Bovenberg et al., 1988). L'hormone est sécrétée en faibles quantités par les cellules parafolliculaires (cellules C de la thyroïde) et a une durée de vie d'environ 15 minutes. La CT est un important régulateur du calcium et du métabolisme osseux chez l'adulte (Copp et al., 1962). Un rôle dans la protection du squelette contre les résorptions osseuses excessives pendant la grossesse et l'allaitement lui a également été attribué (Woodrow et al., 2006).

Une augmentation de CT sérique a été retrouvée dans un grand nombre de cancers tels que les MTC (cancer médulaire de la thyroïde), les cancers bronchiques (Bondy, 1981) ; (El Hage et al., 2008b), le cancer de la prostate (di Sant'Agnese and de Mesy Jensen, 1987), le cancer du sein (Coombes et al., 1975), le cancer du pancréas (Galmiche et al., 1980), le cancer du foie (Fujiyama et al., 1986) ou les leucémies (Foa et al., 1982).

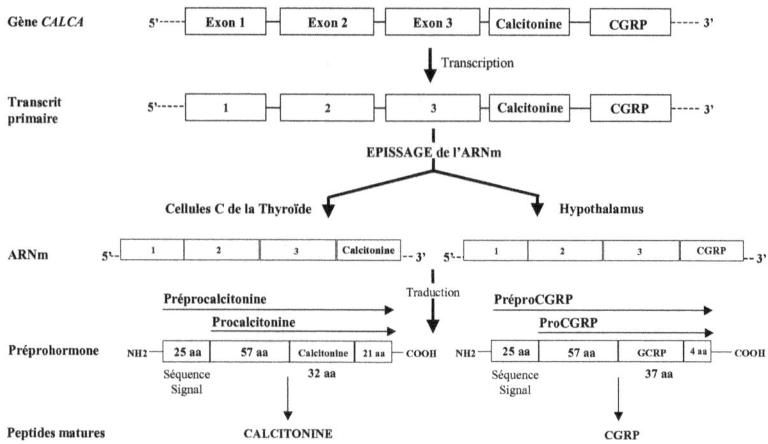

Figure 13 : Epissage alternatif de l'ARNm du gène *CALCA*

La transcription du gène CALCA génère un transcrit primaire commun à la calcitonine et au CGRP. Selon le tissu dans lequel le gène est exprimé, l'épissage alternatif de l'ARNm conduit à deux préprohormones différentes. En effet, la préprocalcitonine est synthétisée au niveau des cellules parafolliculaires C de la thyroïde et la préproCGRP est libérée au niveau de l'hypothalamus. Le clivage des séquences signal conduit à la procalcitonine et la proCGRP respectivement. L'apprêtement protéolytique de ces deux produits génère les peptides matures, la calcitonine et le CGRP.

Mon équipe a identifié la séquence nucléotidique minimale codant pour le peptide antigénique présenté à la surface des cellules tumorales bronchiques. Cette séquence est située au niveau de l'exon 2 du gène *CALCA*. Cet exon est commun aux transcrits CT et CGRP et code pour la séquence signal des préproprotéiness. L'épitope tumoral est situé dans la région C-terminale de cette séquence signal. Notre équipe a démontré que l'apprêtement cet épitope était indépendant du protéasome et des transporteurs TAP. En effet, les travaux menés par Faten El Hage ont montré que l'épitope tumoral est apprêté dans le RE par un mécanisme impliquant la SP qui assure le clivage de son extrêmité C-terminale et la SPP qui clive son extrêmité N-terminale. De plus les résultats ont montré que les protéases ERAP1 et ERAP2 n'étaient pas impliquées dans l'apprêtement de l'épitope tumoral. Il est cependant important de noter qu'une séquence minimale de 30aa, incluant les régions h et n ainsi que 13 aa de la proCT, est nécessaire à l'ancrage du peptide signal dans la membrane du RE et à l'apprêtement du peptide antigénique. Par ailleurs, des expériences de mutagenèses dirigées ont révélé que certains résidus, notamment les aa en position 10, 11, 12 et 14 ainsi que l'acide aspartique (D) en position 38, sont indispensables à l'apprêtement du peptide antigénique par les deux protéases Ce mécanisme d'apprêtement de peptides présentés par les molécules CMH-I n'avait jamais été décrit auparavant (El Hage et al., 2008b).

B. Les avancées de l'immunothérapie dans les cancers bronchiques

A l'heure actuelle, l'approche thérapeutique la plus efficace pour éliminer un cancer bronchique reste la chirurgie. Cependant, plus de 80% de ces cancers ne peuvent pas être opérés à cause d'un diagnostic trop tardif. De plus, les CBNPC et les CBPC ne réagissent pas aux traitements de la même façon. Ainsi, depuis plusieurs années, la prise en charge des patients est effectuée de plus en plus au cas par cas, associant la chirurgie à des traitements de références tels que la chimiothérapie, la radiothérapie ou des biothérapies ciblées telles que l'Erlotinib (Tarceva®), le Bevacizumab (Avastin®) ou encore le Gefitinib (Iressa®).

Néanmoins, la chimiothérapie reste le traitement privilégié dans la majorité des cas, mais ses effets secondaires sont souvent très importants et les cellules tumorales peuvent acquérir une résistance à ce type de traitement. Pour limiter ces effets, l'utilisation de protocoles combinant plusieurs molécules est de plus en plus préconisée. De même, lorsque la localisation le permet, la radiothérapie est souvent associée. Même si ces traitements ciblent préférentiellement les cellules en prolifération (donc les cellules cancéreuses), il ne s'agit pas de thérapeutiques ciblées à proprement parler et elles impactent sur tout l'organisme, avec des effets secondaires majeurs. C'est dans ce contexte que l'immunothérapie a émergé, amenant l'espoir d'un traitement plus spécifique, donc moins toxique et plus efficace.

Le but de l'immunothérapie anticancereuse est l'éradication des cellules tumorales sans affecter les cellules normales, y compris au niveau des sites métastatiques. Le concept de base est d'amplifier, *in vivo* ou *ex vivo*, l'efficacité des cellules effectrices de la réponse immunitaire antitumorale. Les différentes stratégies thérapeutiques ont toutes pour objectif de lever l'anergie des cellules potentiellement réactives en les stimulants dans des conditions optimales. Il existe pour cela différentes approches d'immunothérapie antitumorale pouvant ainsi être classées en deux grandes catégories : l'immunothérapie « passive » et l'immunothérapie « active ».

1. L'immunothérapie passive

L'immunothérapie passive consiste en l'administration de composants, moléculaires ou cellulaires, impliqués dans le développement de la réponse immunitaire antitumorale. Une des approches de ce type d'immunothérapie consiste à transférer des TIL, de LAK (« *lymphocytes activated killer* ») ou des NK autologues chez le patient après stimulation et amplification *in vitro* (Rosenberg et al., 1988). Cette stratégie, nommée immunothérapie adoptive, a été mise au point après l'observation dans de nombreux cancers d'une diminution conséquente des cellules de la réponse immunitaire infiltrant la tumeur. Néanmoins, dans le cas des cancers bronchiques, cette stratégie n'est pas réellement explorée.

D'autres approches existent, basées sur l'injection d'anticorps monoclonaux (Acm) ou de médiateurs immunitaires, comme les IFN ou les IL, ont été développées. Ces molécules sont peu ou pas spécifiques d'un type précis de tumeurs, mais elles permettent de stimuler ou d'orienter la réponse immunitaire contre la cible. Depuis maintenant plusieurs années, les recherches se focalisent sur le développement de traitements employant ces molécules. Ainsi, les Acm tels le rituximab ciblant les cellules $CD20^+$ dans le lymphome ou le trastuzumab ciblant les cellules $HER2^+$ dans le cancer du sein, font maintenant partie intégrante des protocoles thérapeutiques. Ces protéines produites par génie génétique, peuvent être murines, chimériques, ou humanisées afin d'augmenter leur efficacité thérapeutique et de diminuer leur immunogénicité chez l'Homme (Ross et al., 2003); (Harris, 2004). Les Acm comme le rituximab ou le trastuzumab ont un mécanisme d'action impliquant la cytotoxicité des lymphocytes dépendante des anticorps (ADCC « *antibody-dependent cell cytotoxicity* ») (Clynes et al., 2000) ou le complément.

DCI	Autres noms	Cible	Structure	Pathologie	Approbation FDA/EMEA
Rituximab	Rituxan, MabThera	CD20	chimérique	lymphome non hodgkinien	1997/1998
Ibritumomab tiuxetan	Zevalin ^{90}Y	CD20	souris	lymphome non hodgkinien	2002/2004
Tositumomab	Bexxar ^{131}I	CD20	souris	lymphome non hodgkinien	2003/NA
Gentuzumab ozogamicin	Mylotarg	CD33	humanisé	leucémie aiguë myéloïde	2000/NA
Alemtuzumab	Campath, MabCampath	CD52	humanisé	Leucémie lymphoïde chronique lymphome non hodgkinien	2001/2001
Trastuzumab	Herceptin	HER2/*neu*	humanisé	cancer du sein	1998/2000
Bevacizumab	Avastin	VEGF	humanisé	cancer colorectal cancer bronchique	2004/2005 2007
Cetuximab	Erbitux	EGFR	chimeriqué	cancer colorectal	2004/2004
Panitumumab	Vectibix	EGFR	humanisé	cancer colorectal	2006/2007

Tableau I : Principaux anticorps monoclonaux ayant une autorisation de mise sur le marché (d'après (Dillman, 2011)

De nos jours, de nombreux Acm sont approuvés et commercialisés et beaucoup d'autres, eux, sont en essais cliniques dans diverses pathologies, dont le cancer (Dillman, 2011). Ces molécules ciblent directement les cellules tumorales ou des facteurs protumorals (VEGF).

Cependant, dans le cadre des cancers bronchiques, seul le Bevacizumab (Avastin®) a eu une autorisation de mise sur le marché (AMM) et fait actuellement partie des traitements courants. Néanmoins, de nombreux essais cliniques sont toujours en cours, pour analyser l'efficacité des Acm dans le traitement des cancers bronchiques, en particuliers ceux déjà mis sur le marché pour d'autres cancers. D'autres études sont réalisées avec d'autres types d'Ac dirigés contre les molécules impliquées dans l'apoptose ou l'anergie des CTL, telles que CTLA-4 ou PD-1. Ainsi le vaccin Ipilimumab, Acm bloquant le CTLA-4 est en cours d'essai clinique dans les CBNPC. Il a déjà montré des résultats prometteurs dans une étude de première ligne combiné avec une chimiothérapie au carboplatine/paclitaxel (Tomasini et al., 2012).

2. La vaccination thérapeutique dans les CBNPC

Grâce à la découverte et à la caractérisation des TAA, le développement d'une vaccination antitumorale est devenu un enjeu important en l'immunothérapie. Mise à part les cancers viro-induits, comme le cancer du col de l'utérus, les différentes approches sont axées sur la mise au point d'une vaccination dans un but thérapeutique et non préventif.

Plusieurs stratégies ont été développées pour permettre la stimulation du système immunitaire et induire ainsi une réponse spécifique vis-à-vis de la tumeur sans que cela ne nuise les cellules saines avoisinantes. De nombreux essais cliniques sont en cours, en particulier dans le mélanome, certains de ces essais utilisant des peptides ou des extraits de la tumeur autologue. Selon les essais, Les Ag sont utilisés soit directement ou soit après être chargés sur des DC, en combinaison ou non avec des cytokines (Figure 14). Les TAA font l'objet d'essais, principalement de phase I et de phase II, dans des contextes HLA particuliers. D'une façon générale, les réponses thérapeutiques à une immunothérapie sont meilleures lorsque celle-ci est proposée à un stade précoce de la maladie.

a) Les vaccins contenant des cellules tumorales

Ce type de vaccin utilise des cellules tumorales entières pour déclencher une réponse immunitaire polyclonale, contrairement aux vaccins antigéniques qui n'utilisent que des Ag préalablement identifiés. Ceci permet de stimuler plusieurs lymphocytes T de spécificités différentes incluant des TAA non identifiés (Copier and Dalgleish, 2006). Il semble que ce type de réponse limite la survenue de l'échappement tumoral souvent observé dans le cadre des autres thérapies actuellement utilisées (Emens, 2006). Initialement, ces vaccins étaient constitués des cellules tumorales autologues, mais la difficulté de l'obtention d'un nombre suffisant de cellules tumorales a conduit à revoir le procédé d'immunisation. C'est ainsi que des vaccins allogéniques, constitués de plusieurs lignées tumorales irradiées, ont permis de surmonter ces problèmes, même si une diminution de la spécificité peut être observée (Gridelli et al., 2009).

Ces vaccins sont fondés sur l'injection des cellules tumorales, qui auparavant auront pu être modifiées par des traitements chimiques ou par génie génétique. Ces modifications ont pour but d'inhiber l'effet cancérigène des cellules utilisées, mais aussi d'augmenter leur reconnaissance par le système immunitaire. De même, des adjuvants tels que le CpG, le IFA (« *incomplete Freund's adjuvant* ») ou des cytokines (IL-2, IFN-γ ou IL-7) peuvent être injectés en même temps pour amplifier les réponses.

En ce qui concerne les CBNPC, cette stratégie à été à la base d'un essai clinique de phase III, le Belagenpumatucel-L (ou Lucanix®). Le Lucanix® est un vaccin composé de quatre lignées de CBNPC irradiées, qui ont été au préalable transfectées avec une construction antisens codant le TGF-β2 (Nemunaitis et al., 2006). L'utilisation d'une stratégie antisens permet l'inhibition de l'expression du TGF-β2 augmentant ainsi la réponse immunitaire antitumorale (Tzai et al., 2000).

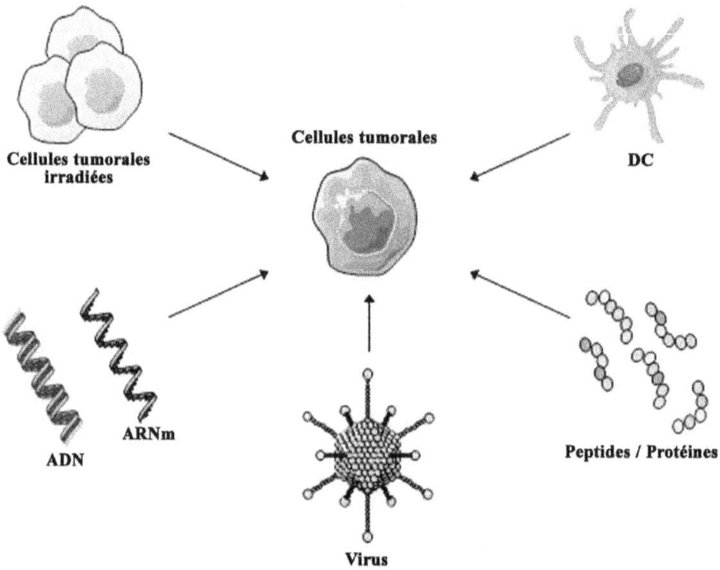

<u>Figure 14</u> : Les différentes stratégies de vaccination thérapeutiques dans les cancers du poumon

Différentes approches d'immunothérapie antitumorale ont été développées. Ces stratégies comprennent l'utilisation de cellules tumorales autologues ou allogéniques irradiées, des Ag tumoraux sous forme d'ARNm ou d'ADN, de protéines ou de peptides, des virus recombinants ou des DC chargées de peptides tumoraux(Winter et al., 2011).

b) Les vaccins contenant des antigènes tumoraux purifiés

Plusieurs types de vaccins basés sur des TAA ont été développés, chacun avec ses avantages et ses inconvénients. Ainsi, les vaccins peptidiques ont l'avantage de diminuer les risques de réactions auto-immunes, d'être faciles à produire et à modifier pour amplifier la réponse immunitaire. Néanmoins, l'utilisation de peptides restreint la réponse immunitaire à un répertoire de lymphocytes T spécifiques de même qu'à une population de patients exprimant les molécules du CMH-I adéquates (Brichard and Lejeune, 2007). Deux types de peptides sont couramment employés, les peptides de 8 à 11 aa et les peptides de 11 à 15 aa activant respectivement les lymphocytes T CD8 et les lymphocytes T CD4. Il a été démontré qu'une activation simultanée des cellules T CD4 et CD8 est indispensable pour un effet antitumoral efficace et durable (Surman et al., 2000); (Roth et al., 2005).

Contrairement aux vaccins peptidiques, les vaccins à base de protéines recombinantes ont l'avantage de contenir de multiples épitopes permettant l'activation simultanée des lymphocytes T CD8 et CD4. De plus, la sélection des patients selon leur molécules du CMH-I n'est plus nécessaire compte tenu de la génération de différents peptides (Brichard and Lejeune, 2007).

La question du mode d'administration de la formulation vaccinale a régulièrement été posée. Ainsi, les peptides et les protéines peuvent être injectés directement, avec ou sans les adjuvants classiques. Une autre approche a aussi été développée en utilisant des liposomes comme vecteurs permettant de cibler les APC (Sangha and Butts, 2007).

Dans le cadre des CBNPC, de nombreux essais cliniques utilisant ces approches sont en cours, dont deux en phase III. Le premier essai, initié en 2007 par GSK, est un vaccin basé sur l'Ag MAGE-A3 qui est exprimé par environ 35 à 50 % des cancers du poumon. Il s'agit d'un vaccin comprenant une protéine recombinante de MAGE-A3 associée à l'immuno-adjuvant AS02B (Mellstedt et al., 2011). Le deuxième essai est le vaccin L-BLP25 (ou Stimuvax®, par Merck-Serono). Il s'agit d'un vaccin à base de liposomes contenant une séquence de 25 aa dérivée du domaine extracellulaire de la protéine MUC1, exprimé par environ 30 à 70 % des cancers bronchiques (Sangha and Butts, 2007). Le vaccin contient également comme adjuvant le lipide monophosphoryle immunoadjuvant A (MPL), qui active les APC par le biais du TLR-4 (Cluff, 2009).

c) <u>Les vaccins contenant l'ADN codant un antigène tumoral</u>

Le principe des vaccins ADN est d'apporter les Ag qui seront synthétisés *in vivo*, permettant ainsi une présentation prolongée par les molécules du CMH-I et visant donc une réponse immunitaire durable (Feltquate, 1998). Divers vecteurs recombinants viraux ou bactériens ont été utilisés pour ce type de vaccination. Néanmoins, l'utilisation de ces vecteurs recombinants peut être limitée par la génération d'une réponse humorale contre les protéines issues du vecteur (Kochenderfer and Gress, 2007).

Cependant, la société Transgene a mis au point un vaccin, le TG4010, à base d'un vecteur viral qui est actuellement en cours d'essai clinique de phase IIb/III pour des patients atteints de CBNPC de stade IIIb/IV. Le TG4010 est formé à partir du MVA (« *Modified Vaccinia Ankara* ») issu du virus de la vaccine très atténué et qui est capable de provoquer une réponse immunitaire importante contre les Ag. Ce vecteur viral contient l'ensemble de la séquence de MUC1 associée au gène codant pour l'IL-2. Cette association permet au TG4010 d'induire une réponse immunitaire contre la totalité des épitopes de MUC1, en augmentant la stimulation de la réponse spécifique par les lymphocytes T grâce à la sécrétion d'IL-2 (Ramlau et al., 2008); (Dreicer et al., 2009).

d) Les vaccins utilisant des cellules dendritiques

Les DC, spécialisées dans la présentation des Ag aux cellules immunitaire (Banchereau et al., 2001), sont utilisées comme vecteurs vaccinaux dans un grand nombre d'approches. Ces vaccins sont spécifiques de chaque patient, puisque les DC proviennent des PBMC (« *Peripheral blood monocluclear cells* ») du patient. Les DC sont d'abord modifiées *in vitro* pour induire l'expression à leur surface des Ag tumoraux. Elles sont ensuite réinjectées au patient afin de déclencher la réponse immunitaire spécifique. Les techniques utilisées pour permettre aux DC de présenter des Ag sont variées, même si les plus employées consistent à la charge *ex vivo* de peptides, des protéines ou des extraits tumoraux, avant de réinjécter aux patients ces DC. Cependant, un essai clinique de phase II, initié par l'Institut Gustave Roussy en partenariat avec l'institut Curie, se base sur l'injection en intradermal d'exosomes issus des DC autologues (DEX) qui ont été auparavant chargées par un mélange peptidique contenant des peptides MAGE-3, spécifique du HLA-DP04, et des peptides NY-ESO-1, MAGE-1, MAGE-3 et MART-1 restreints par HLA-A2 (Viaud et al., 2010).

Agent thérapeutique	Type de vaccin	Caractéristique	Stade des patients	Phase de l'essai	Identifiant de l'essai
Belagenpumatucel-L	Cellules tumorales	Cellules tumorales allogéniques irradiées transfectées avec une construction antisens de TGF- β2	IIIA, IIIB/IV	III	NCT00676507
EGF	Protéine	Protéïne recombinante EGF + immunoadjuvant (hydroxyde d'aluminum ou ISA51)	IIIB/IV	IIB/III	NCT00516685
MAGE-A3	Liposome	Liposome contenant protéine MAGE-A3 recombinante + immunoadjuvant (AS02B)	IB, II ou IIIA	III	NCT00480025
L-BLP25	Liposome	Liposome contenant protéine MUC1 + immunoadjuvant (MLA + lipides)	III	III III	NCT00409188 NCT01015443
TG4010	Viral	Vecteur viral MVA contenant les gènes de MUC1 et IL-2	IV	IIB/III	NCT00415818
DEX2	DC	Exosome issus des DC autologues après stimulation par peptide (NY-ESO-1, MAGE-1, MAGE-3 et MART-1)	avancé	II	NCT01159288

Tableau II: Principaux vaccins à un stade de développement clinique avancé dans les CBNPC

OBJECTIFS DES TRAVAUX

CONTEXTE SCIENTIFIQUE

Le modèle d'étude mis en place dans le laboratoire repose sur la lignée tumorale IGR-Heu établie à partir de l'exérèse chirurgicale de la tumeur d'un patient atteint d'un CBNPC. Le prélèvement tumoral a également permis d'isoler des clones CTL CD8 autologues spécifiques de la tumeur, notamment le clone TIL Heu161. Ce clone a permis d'identifier un Ag tumoral associé au carcinome bronchique humain. Cet Ag est codé par le gène *CALCA* qui code la CT et le CGRP. Le gène *CALCA* est surexprimé dans plusieurs CBPC et CBNPC ainsi que dans les cancers médullaires de la thyroïde (MTC), faisant donc de cet Ag un candidat prometteur en immunothérapie. L'épitope tumoral reconnu par le clone Heu161, $ppCT_{16-25}$, est un décamère issu de la région C-terminale du peptide signal de la ppCT. Cet épitope est apprêté dans le RE par un mécanisme indépendant des protéasomes et des transporteurs TAP qui implique les protéases SP et SPP (El Hage et al., 2008b).

OBJECTIFS

Mon travail de thèse s'inscrit dans la continuité des travaux déjà initiés sur l'identification et la caractérisation d'épitopes tumoraux issus de la ppCT dans le modèle de CBNPC. Les objectifs de mon travail sont :

(1) Analyser la régulation de l'apprêtement de l'épitope $ppCT_{16\text{-}25}$ et le dialogue croisé de son mécanisme d'apprêtement avec le mécanisme classique impliquant les protéasomes et les transporteurs TAP.

(2) Etudier l'immunogénicité de l'Ag ppCT chez plusieurs patients atteints de cancers pulmonaires et identifier de nouveaux épitopes T CD8 apprêtés par la voie dépendante des protéasomes et des molécules TAP.

L'objectif à terme est de développer une approche vaccinale fondée sur cet Ag tumoral.

RESULTATS

RESULTATS

Partie I: Régulation de l'apprêtement de l'épitope ppCT$_{16\text{-}25}$ et dialogue croisé de son mécanisme d'apprêtement avec le mécanisme classique impliquant les protéasomes et les molécules TAP.

Article: « Different expression levels of the TAP peptide transporters lead to recognition of different antigenic peptides by tumor specific CTL »

Durgeau A, El Hage F, Vergnon I, Validire P, de Montpréville V, Besse B, Soria JC, van Hall T, Mami-Chouaib F.

J Immunol. 2011 Dec 1;187(11):5532-9

Partie II: Etude de l'immunogénicité de l'antigène ppCT chez des patients atteints de CBNPC et identification de nouveaux épitopes T CD8.

<u>PARTIE I</u> : Régulation de l'apprêtement de l'épitope ppCT$_{16-25}$ et dialogue croisé de son mécanisme d'apprêtement avec le mécanisme classique impliquant les molécules TAP

Article: « Different expression levels of the TAP peptide transporters lead to recognition of different antigenic peptides by tumor specific CTL »

<u>Durgeau A</u>, El Hage F, Vergnon I, Validire P, de Montpréville V, Besse B, Soria JC, van Hall T, Mami-Chouaib F.
J Immunol. 2011 Dec 1;187(11):5532-9.

La majorité des peptides antigéniques reconnus par les lymphocytes T CD8 dérive de la dégradation dans le protéasome de protéines intracellulaires matures, puis de leur transport du cytosol au RE par les transporteurs TAP. Les études faites au sein de mon équipe ont permis d'identifier un épitope tumoral, ppCT$_{16-25}$, issu du peptide signal de la ppCT et dont l'apprêtement est indépendant de la voie classique impliquant les protéasomes et les molécules TAP. Son apprêtement a lieu dans le RE par la SP, qui clive sont extrémité C-terminale, et la SPP qui clive son extrémité N-terminale. Les tumeurs développent souvent une résistance à l'activité des CTL en modulant négativement l'expression des transporteurs TAP. Nous nous sommes intéressés à l'effet de cette modulation sur le répertoire antigénique présenté à la surface des cellules tumorales et apprêté soit par la voie classique protéasomes-TAP, soit par la voie alterne d'apprêtement SP-SPP. Pour ce faire, j'ai utilisé deux peptides tumoraux exprimés à la surface de la même lignée tumorale (IGR-Heu), dont le premier est $ppCT_{16\text{-}25}$ et le deuxième est un épitope issu de l'α- actinine-4 mutée, $Actn\text{-}4_{91\text{-}100}$, et apprêté par la voie protéasomes-TAP.

Dans un premier temps, les analyses par Western Blot et/ou PCR quantitative (Taq-Man) de plusieurs lignées de CBPC et CBNPC ont montré qu'une majorité d'entre elles expriment faiblement TAP1 et TAP2. L'étude comparative de l'expression de TAP1 dans des prélèvements pulmonaires frais issus de 12 patients différents confirme que les CBNPC expriment plus faiblement TAP1 que les tissus sains autologues. Par ailleurs, l'analyse de l'expression de SP et SPP dans des lignées tumorales bronchiques a montré que tandis que l'expression de la SPP ne varie pas d'une lignée à l'autre, il est intéressant de noter que les lignées qui surexpriment le gène *CALCA*, qui code la ppCT, surexpriment également le gène *SP*.

Dans un deuxième temps, j'ai étudié l'influence du niveau d'expression de TAP1 sur l'apprêtement et la présentation des épitopes $ppCT_{16\text{-}25}$ et $Actn\text{-}4_{91\text{-}100}$, en utilisant la cellule tumorale IGR-Heu et deux clones CTL spécifiques. Le traitement d'IGR-Heu avec de l'IFN-γ, qui permet d'induire l'expression des composants de l'immunoprotéasome, de PA28, des molécules du CMH-I, mais aussi de TAP, inhibe la reconnaissance des cellules tumorales par le clone anti-$ppCT_{16\text{-}25}$ et au contraire potentialise celle par le clone anti-$Actn\text{-}4_{91\text{-}100}$. J'ai ensuite transfecté la lignée IGR-Heu avec des plasmides qui codent TAP1 et TAP2. Comme pour le traitement par l'IFN-γ, la transfection de la lignée tumorale avec les molécules TAP entraine une diminution de la présentation de l'épitope $ppCT_{16\text{-}25}$ et, au contraire, permet une optimisation de la présentation de l'épitope $Actn\text{-}4_{91\text{-}100}$. A l'inverse, l'inhibition de TAP1 avec des siRNA spécifiques dans des lignées allogéniques surexprimant à la fois TAP et ppCT (DMS53 et TT) entraine une augmentation de leur reconnaissance par le clone anti-$ppCT_{16\text{-}25}$.

J'ai ensuite analysé la régulation de l'expression de l'épitope $ppCT_{16\text{-}25}$ à la surface de cellules « normales » transfectées avec différentes concentrations de plasmide pcDNA3.1 portant le cDNA150, qui code la ppCT. Pour ce faire, j'ai utilisé soit la lignée 293EBNA que j'ai également transfecté avec HLA-A2, soit des DC issus de donneurs sains HLA-A2. L'inhibition de TAP dans ces cellules est réalisée respectivement avec des siRNA spécifiques et un inhibiteur viral de TAP, ICP47. Mes résultats montrent une optimisation de la reconnaissance des cellules cibles exprimant faiblement TAP par le clone anti-$ppCT_{16\text{-}25}$. Ceci démontre que la voie d'apprêtement SP-SPP est fonctionnelle dans les cellules exprimant normalement TAP, mais que le niveau d'expression membranaire de l'épitope $ppCT_{16\text{-}25}$ n'est pas suffisant pour induire une reconnaissance par le clone CTL. Ainsi, en absence de peptides apprêtés par la voie protéasomes-TAP dans les cellules exprimant faiblement TAP, des molécules du CMH-I sont disponibles dans le RE et peuvent être chargées avec des épitopes issus de peptides signal et apprêtés par la voie SP-SPP. Inversement, l'augmentation de TAP, soit par le traitement avec l'IFN-γ soit par transfection de TAP1 et TAP2, induit une augmentation du nombre de peptides apprêtés par la voie protéasomes-TAP, inhibant ainsi le chargement de ceux apprêtés par la voie SP-SPP. Ceci suggère qu'il existe une compétition dans le RE entre les peptides issus des deux voies d'apprêtement pour leur chargement sur les molécules du CMH-I, et que le nombre de peptides issus de la voie protéasomes-TAP est beaucoup plus important que celui issus de la voie SP-SPP. De manière alternative, la faible quantité de peptide $ppCT_{16-25}$ présenté à la surface des cellules tumorales pourrait être liée à une traduction faible du transcrit ppCT ou à une faible efficacité de la voie SP-SPP.

En parallèle des expériences réalisées avec le plasmide pcDNA3.1, j'ai aussi transfecté les cellules 293EBNA et les DC avec un plasmide pCEP4 portant le cDNA150 et permettant une surexpression de ppCT. La reconnaissance des cellules transfectées par le clone anti-$ppCT_{16-25}$ indique que l'inactivation de TAP n'est pas nécessaire quand la ppCT est surexprimée et qu'il existe donc un seuil de détection de l'Ag par les CTL en dessous duquel une modulation de TAP est essentielle. Ces résultats suggèrent que des cellules possédant une expression normale de TAP et un niveau faible de ppCT, telles que les cellules C de la thyroïde et les cellules neuronales, ne seraient pas reconnues par les lymphocytes T spécifiques de l'épitope $ppCT_{16-25}$. Cette hypothèse est soutenue par le fait que le patient Heu ait développé spontanément une réaction immunitaire contre $ppCT_{16-25}$ sans pour autant développer une auto-immunité cliniquement détectable.

L'ensemble de ces travaux permettent de mieux comprendre les mécanismes de régulation de ces deux voies d'apprêtement des Ag tumoraux. Ainsi, le niveau d'expression des molécules TAP permet de réguler le répertoire antigénique présenté par les cellules tumorales en régulant l'apprêtement des peptides par la voie classique dépendante du protéasomes-TAP ou par la voie alterne dépendante de SP-SPP.

Different Expression Levels of the TAP Peptide Transporter Lead to Recognition of Different Antigenic Peptides by Tumor-Specific CTL

Aurélie Durgeau,* Faten El Hage,*[,1,2] Isabelle Vergnon,*[,1] Pierre Validire,† Vincent de Montpréville,‡ Benjamin Besse,§ Jean-Charles Soria,§ Thorbald van Hall,¶ and Fathia Mami-Chouaib*

Decreased antigenicity of cancer cells is a major problem in tumor immunology. This is often acquired by an expression defect in the TAP. However, it has been reported that certain murine Ags appear on the target cell surface upon impairment of TAP expression. In this study, we identified a human CTL epitope belonging to this Ag category. This epitope is derived from preprocalcitonin (ppCT) signal peptide and is generated within the endoplasmic reticulum by signal peptidase and signal peptide peptidase. Lung cancer cells bearing this antigenic peptide displayed low levels of TAP, but restoration of their expression by IFN-γ treatment or *TAP1* and *TAP2* gene transfer abrogated ppCT Ag presentation. In contrast, TAP upregulation in the same tumor cells increased their recognition by proteasome/TAP-dependent peptide-specific CTLs. Thus, to our knowledge, $ppCT_{16-25}$ is the first human tumor epitope whose surface expression requires loss or downregulation of TAP. Lung tumors frequently display low levels of TAP molecules and might thus be ignored by the immune system. Our results suggest that emerging signal peptidase-generated peptides represent alternative T cell targets, which permit CTLs to destroy TAP-impaired tumors and thus overcome tumor escape from CD8⁺ T cell immunity. *The Journal of Immunology*, **2011, 187: 5532–5539.**

CD8⁺ T lymphocytes constitute major effectors in host defense against viral infection and malignant transformation. Most antigenic peptides recognized by CD8⁺ T cells are derived from degradation of intracellular mature proteins by proteasomes and are translocated to the lumen of the endoplasmic reticulum (ER) by the TAP1–TAP2 heterodimeric complex (for a review, see Refs. 1, 2). The resulting 8- to 10-aa peptides are then loaded onto MHC class I (MHC-I) molecules and conveyed to the surface of target cells or APCs for T cell recognition. Defects in processing molecules, such as proteasome or TAP subunits, have been described as a strategy for countering the host T cell response. Indeed, viruses are able to interfere with MHC-I–viral peptide complex formation by inhibiting TAP so as to evade CTL recognition and destruction of infected cells (3–10). TAP deficiencies have also been observed in a wide variety of human cancers, including cervical carcinoma (11), head and neck carcinoma (12), melanoma and gastric cancer (13–15), and are associated with tumor escape from immune system control. Therefore, better knowledge of proteasome–TAP processing regulation and the discovery of alternative pathways for tumor Ag degradation may improve antitumor immune responses and immunotherapy approaches.

Proteasome–TAP–independent tumor-specific CTL epitopes generated either by the cytosolic metallopeptidase insulin-degrading enzyme or the cytosolic endopeptidases nardilysin and thimet oligopeptidase have been identified (16, 17). TAP-independent presentation of peptides can also be mediated by the so-called secretory pathway in which the proteolytic enzyme furine releases C-terminal peptides (18). Moreover, CTLs specific for Ag-processing mutants have been described in humans and in mouse models and were found to recognize epitopes processed by a TAP-independent mechanism (19–21). Peptide elution experiments indicated that these epitopes can be derived from signal peptide domains of cellular proteins (22–26). Moreover, an artificial H3 molecule signal sequence containing an HLA-A2–restricted T cell epitope resulted in efficient presentation of this signal sequence-derived epitope to HLA-A2–restricted T cells (27). Among signal peptide-derived tumor peptides, melanoma-associated tyrosinase epitope 1-9 is presented independently of TAP and proteasomes (28). However, little is known of the exact processing mechanisms of these antigenic peptides. We recently identified a shared tumor epitope derived from the C-terminal region of the preprocalcitonin

*INSERM U753, Team 1, Tumor Antigens and CTL Reactivity, Integrated Research Cancer Institute in Villejuif, Gustave Roussy Institute, 94805 Villejuif Cedex, France; †Service d'Anatomie-Pathologie, Institut Mutualiste Montsouris, 75014 Paris, France; ‡Service d'Anatomie Pathologique, Centre Chirurgical Marie-Lannelongue, 92350 Le-Plessis-Robinson, France; §Département de Médecine, Institut de Cancérologie Gustave Roussy, 94805 Villejuif Cedex, France; and ¶Clinical Oncology, Leiden University Medical Center, 2333ZA Leiden, The Netherlands

[1]F.E.H. and I.V. contributed equally to this work.

[2]Current address: Département de Chimie et Sciences de la Vie, Faculté des Sciences, Université Saint-Esprit de Kaslik, Jounieh, Lebanon.

Received for publication July 15, 2011. Accepted for publication September 20, 2011.

This work was supported by grants from INSERM, the Association de la Recherche contre le Cancer (Grant [illegible]), the Ligue Nationale Française de Recherche contre le Cancer, the Institut National du Cancer, and the Institut Gustave Roussy Recherche et Développement. A.D. was supported by a fellowship from the Association de la Recherche contre le Cancer.

Address correspondence and reprint requests to Dr. Fathia Mami-Chouaib, INSERM U753, Team 1, Tumor Antigens and CTL Reactivity, Gustave Roussy Institute, 114, Rue Edouard Vaillant, 94805 Villejuif Cedex, France. E-mail address: [illegible]@igr.fr

The online version of this article contains supplemental material.

Abbreviations used in this article: actn-4, α-actinin-4; ADC, adenocarcinoma; DC, dendritic cell; EGFR, epidermal growth factor receptor; ER, endoplasmic reticulum; LCC, large cell carcinoma; MHC-I, MHC class I; MTC, medullary thyroid carcinoma; NSCLC, non-small cell lung carcinoma; PE, pleural effusion; ppCT, preprocalcitonin; SCC, squamous cell carcinoma; SCLC, small cell lung carcinoma; siRNA, small interfering RNA; SP, signal peptidase; SPP, signal peptide peptidase; TIL, tumor-infiltrating lymphocyte.

www.jimmunol.org/cgi/doi/10.4049/jimmunol.1102060

(ppCT) signal sequence and recognized on human lung and medullary thyroid carcinomas (MTCs) by a CTL clone isolated from tumor-infiltrating lymphocytes (TILs) of a lung cancer patient (29). ppCT peptide processing is independent of the proteasomes–TAP pathway and involves signal peptidase (SP) and the aspartic protease signal peptide peptidase (SPP). In this report, we analyzed regulation of this novel Ag-processing mechanism and its potential cross-talk with the classical mechanism involving proteasomes. Our results indicated that the SP–SPP pathway is effective in all cells tested when TAP expression levels decrease. In contrast, this pathway is overruled by the proteasomic pathway in normal APCs or in TAP-transduced cancer cells. Thus, competition between proteasome- and SP-dependent pathways may occur in cancer cells and is determined by TAP expression levels. Our data suggest that the SP–SPP pathway corresponds to an alternative mechanism of Ag processing exploited by the immune system to eliminate TAP-deficient tumor variants.

Materials and Methods

Tumor cell lines and T cell clones

The IGR-Heu cell line was derived from a large cell carcinoma (LCC) lesion of patient Heu as described (30). For TAP induction, IGR-Heu cells were either treated with IFN-γ (500 IU/ml) or stably transfected with plasmid constructs bearing human *TAP1* or *TAP2* (generous gift from F. Momburg, Heidelberg, Germany).

Non-small cell lung carcinoma (NSCLC) cell lines IGR-B2 (LCC), adenocarcinoma (ADC)-Coco (31), IGR-Pub (ADC), LCC-M4 (32), squamous cell carcinoma (SCC)-Cher, ADC-Tor, and ADC-Lei were derived from tumor specimens as described (30, 33, 34). Pleural effusions (PE)-ChA, PE-Deh, and PE-Gal were established from PE of lung cancer patients. PE-ChA was generated from an epidermal growth factor receptor (EGFR)-mutated never-smoker ADC female patient. PE-Deh was generated from a light-smoker (less than 3 pack-years) EGFR-mutated ADC male patient. PE-Gal was generated from an EGFR-amplified former-smoker ADC female patient. H460, H1155 (LCC), and H1355 (ADC) were previously described (35). A549 (ADC), SK-Mes, Ludlu (SCC), DMS53, DMS454 (small cell lung carcinoma, SCLC), TT (MTC), and T2 cell lines were purchased from American Type Culture Collection.

Heu161 and Heu171 CTL clones were derived from TILs of patient Heu as reported (32, 34).

Real-time quantitative RT-PCR analysis

RNA was extracted with TRIzol reagent (Invitrogen), reverse transcribed using random hexamers, and then subjected to real-time quantitative PCR analysis (TaqMan; Applied Biosystems) as described (29). PCR primers and probes for *TAP1, TAP2, SP, SPP,* and *CALCA* genes were designed by Applied Biosystems (*TAP1*: Hs00184465_m1; *TAP2*: Hs00241066_m1 or Hs00241060_m1; *SP*: Hs00264468_m1; *SPP*: Hs00604897_m1; *CALCA*: Hs00266142_m1) and used according to the manufacturer's recommendations. Healthy donor PBMCs and the 16HBE human bronchial epithelial cell line (a generous gift of Dr. D.C. Gruenert, San Francisco, CA) were used as controls.

Western blot analysis

Total cellular extracts were prepared by cell lysis in ice-cold lysis buffer (HEPES 10 mM pH 7.4, NaCl 150 mM, 1% CHAPS, 1% glycerol) supplemented with a mixture of antiproteases (Roche) and orthovanadate (2 mM) for 30 min at 4°C. Equivalent amounts of protein extracts (30 μg) were denatured in Laemmli buffer, separated by SDS-PAGE on 4–20% precise protein gel (Thermo Scientific), and transferred to a nitrocellulose membrane (Pierce/Perbio). After saturation of nonspecific binding sites by incubating the blot for 1 h in TBS containing 20 mM Tris-HCl, 5% nonfat dry milk, and 0.1% Tween 20, the membrane was probed with primary Ab specific for human TAP1 (a generous gift from E. Wiertz, Utrecht, The Netherlands), proteasome subunit β2 (Abcam), SPP (Abcam), immunoproteasome subunit LMP7 (Abcam), or β-actin (Santa Cruz) proteins followed by appropriate secondary HRP-conjugated Ab (Santa Cruz) and then revealed by chemoluminescence using SuperSignal WestPico substrate (Pierce/Perbio). The Heu-EBV (30) B cell line (B-EBV) was used as a positive control.

Cytotoxicity assay, cytokine release, and immunofluorescence analyses

The cytotoxic activity of the T cell clones was measured by a conventional 4-h [^{51}Cr] release assay (36). The autologous IGR-Heu tumor cell line, treated or untreated with IFN-γ and pulsed or not for 30 min at room temperature with the antigenic peptide (100 μM), was used as a target.

TNF-β release was detected by measuring the cytotoxicity of the culture supernatants on the TNF-sensitive WEHI-164c13 cells with an MTT colorimetric assay (37). Briefly, T cells were cultured for 24 h in the absence or presence of stimulator cells; then, TNF-β production was tested in culture supernatants (29). IFN-γ secretion was measured using ELISA (eBioscience).

Surface expression of MHC-I and HLA-A*0201 on the IGR-Heu cell line was quantified by indirect immunofluorescence using W6/32 or BB7.2 mAb, respectively, as described (36).

RNA interference and TAP viral inhibitors

Gene silencing of TAP1 expression in allogeneic cancer cell lines was performed using sequence-specific small interfering RNA (siRNA-TAP1) purchased from Qiagen (5′-GCCGAUACCUUCACUCGAAdTdT-3′ and 5′-UUCGAGUGAAGGUAUCGGCdTdT-3′). Briefly, cells were transfected by electroporation with 400 nM siRNA in a gene pulser Xcell electroporation system (Bio-Rad) at 300 V, 500 μF using electroporation cuvettes (Eurogentec). A second electroporation was performed after 24 h, and cells were then cultured for 48 h. Luciferase siRNA (siRNA duplex 5′-CGUACGCGGAAUACUUCGAdTdT-3′ and 5′-UCGAAGUAUUCCGCGUACGdTdT-3′), included as a negative control (siRNA-control), was purchased from Sigma-Proligo.

293-EBNA cells (Invitrogen) were electroporated twice at a 24-h interval with specific siRNA as described earlier and then cotransfected (30,000 cells/well) 24 h later with either pcDNA3.1 or pCEP4 expression vector (Invitrogen) containing cDNA 150 together with pcDNA3.1 containing an HLA-A*0201 cDNA. After 24 h, Heu161 (3000 cells/well) was added, and after another 24 h, half of the medium was collected and its TNF-β content measured.

To inhibit TAP1 transiently in HLA-A2$^+$ dendritic cells (DCs) isolated from healthy donor PBMCs, a plasmid construct of the immediate-early protein ICP47 of HSV type 1 (38) was used as reported (29).

Results

TAP and SP expression in lung cancer cells

To investigate the prevalence of TAP downregulation in human lung cancer, we analyzed the expression levels of *TAP1* mRNA in several SCLC and NSCLC cell lines by quantitative RT-PCR. These cell lines include IGR-Heu (NSCLC), which generates mutated α-actinin-4 (actn4) and ppCT tumor-specific CTL epitopes, and DMS53 (SCLC), DMS454 (SCLC), and TT (MTC), which generate the ppCT epitope. The TAP-deficient cell line T2 was used as a negative control, and the human bronchial epithelial cell line 16HBE and PBMCs from healthy donors were included as positive controls. Results indicated that most tumor cell lines expressed low levels of *TAP1* compared with those of PBMCs and that several cell lines, including A549, IGR-B2, IGR-Heu, Ludlu, Sk-Mes, H1355, and PE-ChA, expressed lower levels of *TAP1* than that of the 16HBE cell line (Fig. 1*A*). Low expression levels of *TAP2* mRNA were also observed in several cell lines, including IGR-Heu (Supplemental Fig. 1). Importantly, primary human tumors from several NSCLC patients (patients 2, 4, 5, 6, 9, 10, and 11) also displayed low *TAP1* mRNA expression compared with that of autologous normal lung tissues (Fig. 1*B*). Moreover, Western blot analysis confirmed low TAP1 protein expression in several lung cancer cell lines compared with that of the B-EBV cell line used as a positive control, in particular A549, IGR-B2, H460, IGR-Heu, Ludlu, IGR-Pub, and SK-Mes, except for DMS53 and ADC-Tor (Fig. 1*C*).

Next, experiments were performed to assess *SP* and *SPP* mRNA expression in lung tumor cell lines. SCLC cell lines DMS53 and DMS454, NSCLC cell line IGR-Heu, and MTC cell line TT expressing the *CALCA* gene that encodes the ppCT tumor

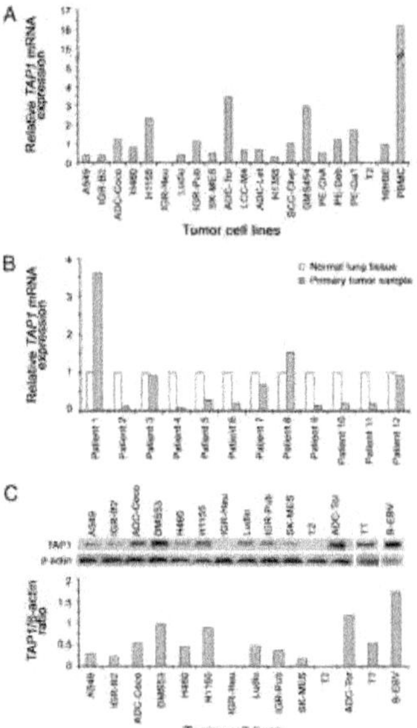

FIGURE 1. *A*, Relative *TAP1* gene expression in tumor cell lines. Quantitative RT-PCR analyses of *TAP1* transcript in lung cancer cell lines. The TAP-deficient T2 cell line was used as a negative control, and, 16HBE and healthy donor PBMCs were used as positive controls. Expression levels of *TAP1* transcript relative to 18S transcript are shown. *B*, Quantitative RT-PCR analyses of *TAP1* transcript in human primary lung tumors compared with that of autologous normal lung tissues from 12 NSCLC patients. Expression levels of *TAP1* transcript relative to 18S transcript are shown. *C*, Western blot analyses of TAP1 protein expression in lung tumor cell lines and the MTC cell line TT. *Upper panel*, Total protein extracts were prepared from tumor cells. TAP-deficient T2 cells and the B-EBV cell line were used as negative and positive controls, respectively. β-Actin was used as a loading control. Western blot fragments shown for each Ab are from the same exposures of the same films. *Lower panel*, Normalization of TAP1 protein relative to β-actin protein. Data shown represent one of three independent experiments.

Ag were included. Quantitative RT-PCR analyses indicated that all cell lines with overexpression of the *CT* transcript (Fig. 2*A*) also expressed high levels of *SP* mRNA (Fig. 2*B*). In contrast, the *SPP* transcript was similarly expressed in all tumor cell lines tested (Fig. 2*C*). These results suggested that an alternative SP-dependent processing pathway of available protein signal peptides may relay the proteasomic pathway in TAP-deficient tumors.

Regulation of tumor Ag-processing pathways by IFN-γ

To investigate the influence of the TAP expression level on HLA-A2–mediated presentation of antigenic peptides of different ori-

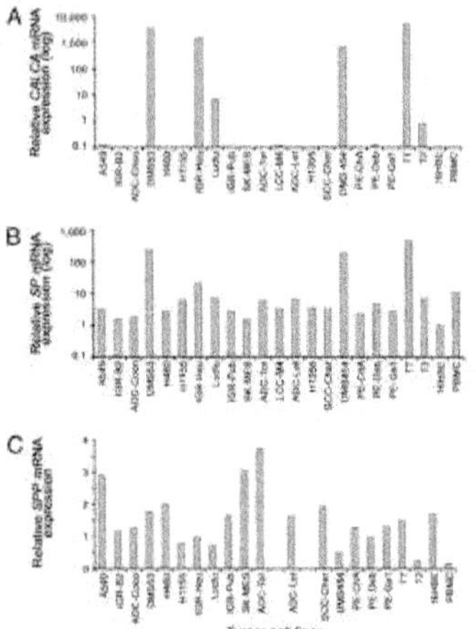

FIGURE 2. Relative targeted gene expression in tumor cell lines. Quantitative RT-PCR analysis of *CALCA* (*A*), *SP* (*B*), and *SPP* (*C*) transcripts in lung cancer cell lines and the MTC cell line TT. T2, 16HBE, and healthy donor PBMCs were included. Expression levels of *CALCA*, *SP*, and *SPP* transcripts relative to 18S transcript are shown.

gins and processing mechanisms, we used the TAP-deficient tumor cell line IGR-Heu treated or not with IFN-γ. Two autologous CTL clones, Heu171 recognizing a proteasome-dependent mutated actn4 peptide ($actn4_{91-100}$) and the Heu161 clone recognizing an SP-dependent/proteasome-independent $ppCT_{16-25}$ peptide (29), were used as effector cells. As expected, the results shown in Fig. 3A indicate that treatment of IGR-Heu with IFN-γ resulted in a strong increase in *TAP1* mRNA expression. In contrast, it did not influence *SP*, *SPP*, or *CALCA* gene expression (Fig. 3A, *left panel*). Western blot analysis confirmed upregulation of the TAP1 and LMP7 immunoproteasome subunit by IFN-γ, but not SPP and β2 proteasome subunit protein expression. We then assessed the influence of IFN-γ on tumor cell recognition by specific CTL clones. Chromium release assay indicated that whereas treatment of IGR-Heu for 3 d with IFN-γ strongly increased Heu171 CTL clone-mediated lysis, it dramatically inhibited cytotoxicity by ppCT-specific CTL Heu161 (Fig. 3*B*). In particular, sensitivity of tumor cells to anti-ppCT CTL was restored by pulsing the IFN-γ–treated target with the antigenic peptide, providing evidence of its capacity to present Ag (Fig. 3*B*).

To corroborate further the inhibitory effect of IFN-γ on tumor cell recognition by the ppCT-specific T cell clone, kinetic experiments were performed by measuring TNF-β secretion by effector cells. Results indicated that incubation of IGR-Heu with IFN-γ induced a prompt decrease in TNF-β production by the Heu161 CTL clone starting from day 3 and lasting at least until day 11 (Fig. 3*C*). In contrast, the same treatment resulted in a strong increase in cytokine secretion by the mutated actn4-

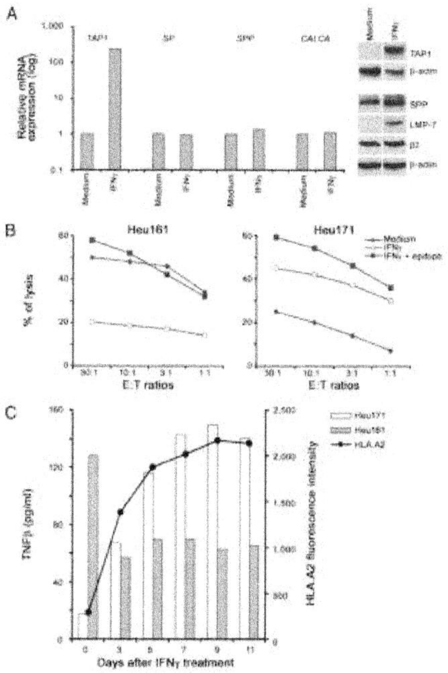

FIGURE 3. *A*, *Left panel*, Quantitative RT-PCR analysis of *TAP1*, *SP*, *SPP*, and *CALCA* transcripts in IGR-Heu tumor cells treated or not with IFN-γ. Expression levels of the different transcripts relative to 18S transcript are shown. *Right panel*, Western blot analysis of TAP1, SPP, LMP-7, and β2 protein expression in IGR-Heu tumor cells treated or not with IFN-γ. β-Actin was used as a loading control. Western blot fragments shown for each Ab are from the same exposures of the same films. *B*, Cytotoxic activity of Heu161 and Heu171 T cell clones toward autologous tumor cell line IGR-Heu treated or not with IFN-γ. For antigenic peptide presentation controls, $ppCT_{16-25}$ or $actn4_{91-100}$ epitopes were loaded on IFN-γ-treated IGR-Heu target cells. Cytolytic activity was measured in a conventional 4-h ^{51}Cr release assay at indicated E:T ratios. *C*, Recognition of the IGR-Heu tumor cell line by autologous CTL clones. Heu161 or Heu171 T cells (3,000 cells) were stimulated for 24 h by IGR-Heu (30,000 cells/well), treated or not for indicated time points with IFN-γ. The concentration of TNF-β released in medium was measured with the TNF-β assay using WEHI-164c13 cells (histograms). Mean fluorescence intensity of HLA-A2 molecules on IFN-γ-treated tumor cells was determined by immunofluorescence analysis using BB7.2 mAb (curve). Data shown are representative of four independent experiments.

specific Heu171 CTL clone. This increase correlated with upregulation of TAP1 (Fig. 3A) and HLA-A2 surface molecule expression (Fig. 3C). These data suggest that TAP expression levels may influence antigenic peptide presentation by target cells.

Transduction of tumor cells by TAP disrupts the antigenic peptide repertoire

To determine whether the consequence of IFN-γ treatment on tumor cell recognition by CTL clones was directly due to its effect on TAP expression, we transfected IGR-Heu with TAP1- and TAP2-encoding plasmids. Two tumor cell lines, IGR-Heu-TAP^{low} and IGR-Heu-TAP^{high}, were selected on the basis of their TAP1 and TAP2 expression levels quantified by RT-PCR (Fig. 4A). Remarkably, cytotoxicity experiments indicated that whereas tumor cell transduction with TAP strongly increased Heu171-mediated lysis, it impaired sensitivity to Heu161 CTL in a manner proportional to TAP expression level (Fig. 4B). As expected, reestablishment of TAP expression in IGR-Heu induced enhancement of MHC-I and HLA-A2 surface expression on transduced cells (Table I).

Next, we questioned whether the susceptibility of allogeneic tumor target cells expressing the *CALCA* gene might be improved by inhibition of TAP expression. Knockdown of TAP1 in HLA-$A2^+$ MTC cell line TT using a specific siRNA, siRNA-TAP1 (Fig. 5A, *left panel*), enhanced its sensitivity to Heu161-mediated lysis (Fig. 5A, *right panel*) to levels similar to those of the IGR-Heu autologous target. Moreover, incubation of siRNA-TAP1–treated TT cells with IFN-γ resulted in inhibition of ppCT epitope presentation (data not shown). In contrast, siRNA control had no effect on TT recognition by the anti-ppCT T cell clone. Similarly, inhibition of TAP1 in SCLC cell line DMS53 with specific siRNA (Fig. 5B, *left panel*), followed by its transient transfection with an HLA-A*0201 construct, resulted in increased TNF-β secretion by Heu161 CTLs compared with that of tumor cells transduced with HLA-A2 alone or together with an siRNA control (Fig. 5B, *right panel*). However, this production remained lower than that induced by IGR-Heu autologous tumor cells used as a positive control. These results further emphasized that TAP expression levels regulate mechanisms of Ag processing and thereby the antigenic peptide repertoire presented on the target cell surface.

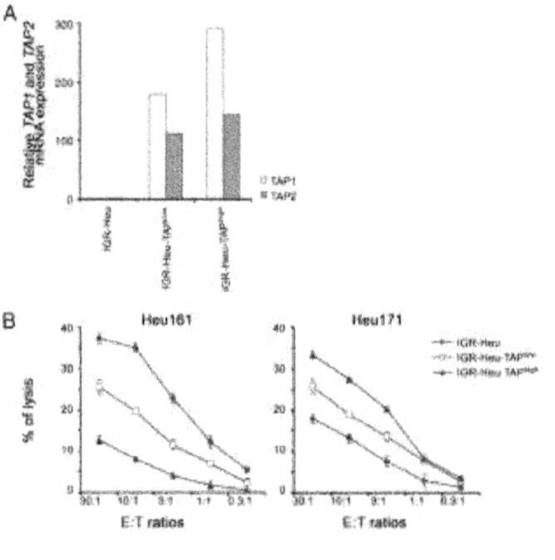

FIGURE 4. *A*, Relative *TAP* gene expression in IGR-Heu tumor cell lines. Quantitative RT-PCR analysis of *TAP1* and *TAP2* transcripts in *TAP1*- and *TAP2*-transduced IGR-Heu cells. Two TAP-transfected cell lines (IGR-Heu-TAP^{low} and IGR-Heu-TAP^{high}) were selected on the basis of *TAP* expression levels. The untransfected parental cell line was used as a control. *B*, Cytotoxicity of CTL clones toward autologous tumor cells. Cytolytic activity of Heu161 and Heu171 T cell clones toward autologous IGR-Heu tumor cells transduced or not with *TAP1* and *TAP2*. IGR-Heu-TAP^{low} and IGR-Heu-TAP^{high} cells displaying different *TAP* expression levels and IGR-Heu parental cells were used as targets. Cytotoxic activity was measured in a conventional 4-h [^{51}Cr] release assay at indicated E:T ratios. Data shown are representative of three independent experiments.

TAP expression levels fine-tune the tumor Ag detection threshold

Our previous results suggested that overexpression of the *CALCA* gene is required for tumor cell recognition by autologous CTLs (29). To investigate whether TAP expression levels influence the threshold of tumor Ag detection by the immune system, we knocked down TAP in 293-EBNA cells using siRNA-TAP1 before their transfection 3 d later with HLA-A*0201, together with the cDNA 150 clone encoding ppCT (29). Transfer of cDNA 150 was done by pcDNA3.1 and pCEP4 plasmids chosen for their capacity to induce differential Ag expression levels. The results in Fig. 6*A* show that whereas the cDNA 150-pCEP4 vector, which promotes high ppCT expression, induced TNF-β secretion by the Heu161 clone at both selected concentrations and in the absence of siRNA-TAP1, cDNA 150-pcDNA3.1 was inefficient. Importantly, knockdown of TAP1 in 293-EBNA cells using specific siRNA before their transfection with cDNA 150-bearing pcDNA3.1 induced recognition by anti-ppCT CTL in an Ag concentration-dependent manner (Fig. 6*A*). Therefore, with decreased TAP expression, lower levels of ppCT sufficed for detectable presentation of this epitope by HLA-A2 at the APC surface.

We then transfected immature DCs, derived from blood monocytes of a healthy HLA-A2^{+} donor, with pcDNA3.1 or pCEP4 constructs coding for the antigenic peptide, combined or not with the immediate-early protein ICP47 of HSV type 1, which binds to and inhibits human TAP. The results shown in Fig. 6*B* indicate that inhibition of TAP in normal DCs using the pBJ-neo vector containing ICP47 cDNA, together with transfer of the cDNA 150 clone with the pcDNA3.1 plasmid (75 ng), triggered secretion of IFN-γ by Heu161 T cells. The results also indicate that transfer of cDNA 150 cloned into the pCEP4 vector, which produces higher amounts of tumor Ag than those by pcDNA3.1, is able to activate the ppCT-specific clone even during normal TAP expression (Fig. 6*B*). These data suggest an additional selective mechanism used by the immune system to specifically recognize and eliminate tumor cells with impaired TAP expression.

Table I. Mean fluorescence intensity of HLA class I molecule expression on IGR-Heu tumor cells

Molecule	IGR-Heu-TAP^{low}	IGR-Heu-TAP^{high}	IGR-Heu
MHC-I	735	893	400
HLA-A2.1	506	515	155

Mean fluorescence intensity of MHC-I and HLA-A2 molecules was determined by immunofluorescence analysis using W6/32 and BB7.2 mAbs, respectively.

Discussion

Peptide elution experiments clearly demonstrated that peptides derived from leader sequences of proproteins emerge at the surface of tumor cells with impairment of the classical Ag-processing pathway (23, 25, 26). Some such peptides can be targeted by CTLs and are processed by as yet poorly defined TAP-independent mechanisms. T cell reactivity to TAP-inhibited tumors (whereas TAP-positive counterparts are not recognized) has been described for CTL-recognizing TEIPP (T cell epitopes associated with impaired peptide processing) and could be induced in vivo in mouse cancer models through TAP$^{-/-}$ DC vaccination (21, 39). Moreover, CD8^{+} T cells specific for TAP-inhibited APCs were detected in healthy human PBMCs (19), but the nature of these peptides and their processing mechanisms remain unknown. In this study, to our knowledge, we identified ppCT$_{16-25}$ antigenic peptide, derived from the signal sequence of the calcitonin hormone precursor and processed within the ER by SP and SPP, as the first molecularly characterized human TEIPP Ag. Indeed, we showed that IGR-Heu NSCLC cells bearing this epitope in an HLA-A2 context exhibited low levels of TAP1 and TAP2 and that down-regulation of TAP is required for CTL recognition. Moreover, our results indicated that knockdown of TAP in ppCT-expressing

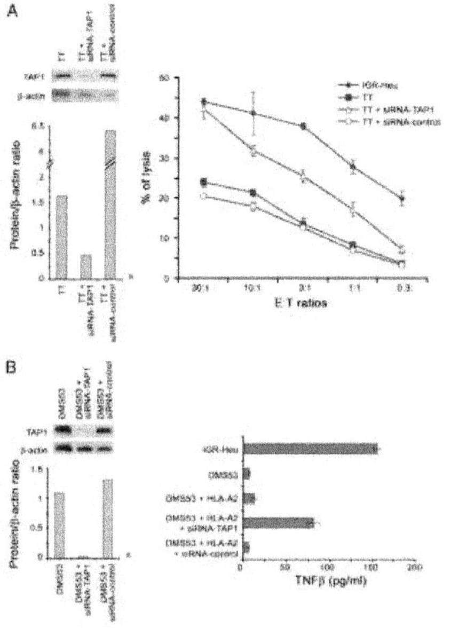

FIGURE 5. Downregulation of TAP in allogeneic tumor cells results in increase in anti-ppCT T cell clone recognition. *A*, *Left panels*, Western blot analysis of TAP1 expression in TT MTC cell line electroporated or not with siRNA targeting *TAP1* (siRNA-TAP1) or a luciferase siRNA control. β-Actin protein was used as a loading control. The *lower panel* shows normalization of TAP1 protein relative to β-actin. *Right panel*, Effect of TAP1 knockdown on tumor cell killing by the Heu161 TIL clone. The allogeneic TT cell line treated or not with indicated siRNA was used as the target cell. The autologous IGR-Heu cell line was used as a positive control. Cytotoxicity was determined by a conventional 4-h [^{51}Cr] release assay at indicated E:T ratios. Data shown correspond to one of four independent experiments. *B*, *Left panels*, Western blot analysis of TAP1 expression in DMS53 SCLC cell line electroporated or not with siRNA-TAP1 or siRNA-control. β-Actin was used as a loading control. The *lower panel* shows normalization of TAP1 protein relative to β-actin protein. *Right panel*, TAP1 knockdown enhances recognition of HLA-A2–transduced DMS53 cells by the anti-ppCT clone. DMS53 cells, electroporated or not with siRNA-TAP1 or siRNA-control, were transfected with HLA-A2–bearing plasmid before addition of the CTL clone at a 1:10 E:T ratio. The autologous IGR-Heu cell line was used as a positive control. The amount of TNF-β released by Heu161 T cells was measured 24 h later with the TNF-β assay. Data are representative of three independent experiments.

allogeneic cancer cells using specific siRNA resulted in a strong increase in their recognition by ppCT-specific Heu161 T cells. Notably, all tumor cell lines overexpressing the *CALCA* gene also displayed high levels of *SP* expression. These data suggest that peptides derived from signal sequences of available secreted self-proteins and processed by SP represent a substantial pool of epitopes presented by TAP-deficient tumors. This implies that normal cells, or tumor cells expressing high levels of TAP, rarely present peptides derived from leader sequences and are unlikely to be recognized by CTLs such as Heu161.

Peptides derived from signal sequences contribute to stabilizing MHC molecules in TAP-deficient cells, even though the expression of peptide–MHC complexes remains weak (40). As expected, treatment of IGR-Heu cells with IFN-γ led to an increase in MHC-I surface expression but did not enhance presentation of the ppCT peptide. The plausible explanation is that in the absence of other peptides entering from the cytosol, there is always a consistently high concentration of available MHC-I molecules within the ER to be loaded with signal peptide-derived epitopes (41). Conversely, an IFN-γ–mediated increase in TAP expression, together with MHC-I proteins, triggered competition with other peptides entering the ER via TAP, leading to decreased loading of the SP-processed ppCT peptide. This was emphasized by increased loading of the proteasome-processed peptide actn4$_{97-106}$ and enhanced reactivity of the specific Heu171 clone. In contrast, a decrease in SP-processed peptide loading led to decreased recognition of IFN-γ–treated IGR-Heu tumor cells by the ppCT$_{16-25}$-specific Heu161 clone.

These findings suggest that SP-degraded peptides are competed away from MHC-I presentation by the large flow of TAP-transported peptides in IFN-γ–treated tumor cells. Accordingly, transduction of NSCLC cells with *TAP1* and *TAP2* resulted in inhibition of ppCT$_{16-25}$ epitope loading, as reflected by a decrease in target cell recognition by the specific T cell clone, and in contrast optimization of actn4$_{97-106}$ presentation by reestablishment of the proteasome-dependent pathway. Failure of ppCT peptide loading and presentation by HLA class I molecules in TAP-transfected cells could also be explained by the presence in the ER of very limited quantities of this peptide compared with the overwhelming amounts of competing peptides pumped into the ER by TAP. These limitations could be the result of weak expression of the *CALCA* gene product and/or poor efficiency of the SP–SPP peptide processing mechanism. The relatively low affinity of the ppCT$_{16-25}$ epitope for HLA-A2 binding (29) may also prevent its presentation under normal TAP expression circumstances. These results suggest that a competition between pro-

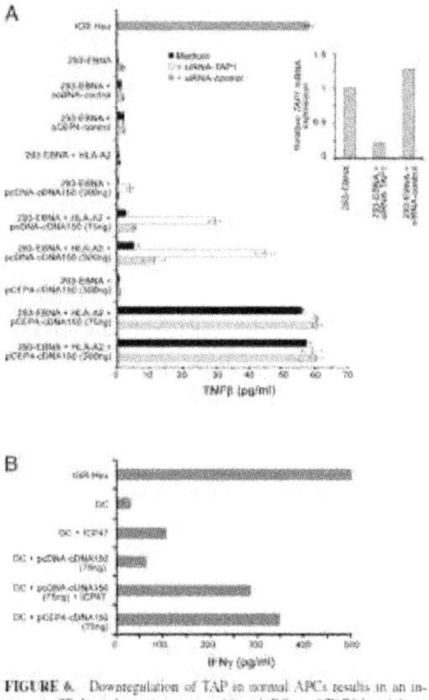

FIGURE 6. Downregulation of TAP in normal APCs results in an increase in SP-dependent epitope recognition. *A*, Effect of TAP1 knockdown on 293-EBNA cell recognition by the anti-ppCT clone. *Left panel*, 293-EBNA cells, electroporated or not with an siRNA-TAP1 or siRNA-control, were cotransfected with an HLA-A2 construct and with two different amounts of either pCEP4 or pcDNA-3.1 vectors containing cDNA 150. The CTL clone Heu161 was then added at a 1:10 E:T ratio. TNF-β released after 24 h of culture was determined as described earlier. Controls include untransfected 293-EBNA cells or 293-EBNA cells transfected with pcDNA3.1 or pCEP4 empty vectors alone, and HLA-A2-bearing pcDNA3.1 plasmid alone or with cDNA 150 alone cloned in either pcDNA3.1 or pCEP4 inducing differential expression levels of ppCT. The autologous IGR-Heu cell line was used as a positive control. Data shown correspond to one of three independent experiments. *Right panel*, Quantitative RT-PCR analysis of *TAP1* transcript in 293-EBNA cells electroporated or not with siRNA-TAP1 or siRNA-control. *B*, Effect of TAP1 inhibition on DC recognition by the anti-ppCT clone. Monocytes were isolated from the blood of an HLA-A2 healthy donor and cultured for 6 d in the presence of rIL-4 (100 ng/ml) and GM-CSF (250 ng/ml). DCs (30,000 cells/well) were then transfected with cDNA 150 cloned as pCDNA3.1 and a pBB-neo vector containing ICP47 cDNA (1 μg). pCEP4 bearing cDNA clone 150 and IGR-Heu tumor cells were used as positive controls. The amount of IFN-γ released by Heu161 CTLs (3000 cells/well) was measured 24 h later by ELISA.

teasome- and SP-dependent pathways occurs in APCs and that TAP expression levels determine the Ag-processing mechanism used by cancer cells and thereby the antigenic peptide repertoire presented on their surface.

The current study also provides evidence that at a level sufficient for detection in CTL assays, peptides derived from human signal sequences only emerge at the surface of normal cells if there is a defect in the classical Ag presentation pathway. Indeed, presentation of the $ppCT_{16-25}$ peptide occurred in normal nontransformed cells such as 293 cells and DCs after knockdown of TAP either by specific siRNA or a viral inhibitor without need of *CT* cDNA overexpression. Moreover, our results indicated that TAP expression levels influence the threshold of tumor Ag detection by specific effector T cells. Indeed, transfection experiments with the pcDNA3.1 plasmid bearing cDNA 150 indicated that higher levels of the *CALCA* gene product, such as those obtained with the pCEP4 vector, may not be required for recognition by Heu161 T cells when TAP1 is downregulated in recipient cells. This implies that normal cells with proficient TAP and *CALCA* gene expression, such as normal thyroid C cells and neuronal cells, would not be recognized by T cells like Heu161. This was certified by the observation that patient Heu mounted a spontaneous CTL response to ppCT Ag without clinical autoimmunity. Moreover, CTLs specific to the $ppCT_{16-25}$ epitope were detected at the tumor site but not in patient PBL (Ref. 34 and data not shown). It is possible that CTLs directed to epitopes associated with impaired TAP function are responsible for protection from tumor growth in vivo.

Quantitative RT-PCR and Western blot analyses indicated that several human lung cancer cell lines and primary tumors display weak expression of TAP1 molecules. TAP downregulation has also been observed in several SCLC and NSCLC specimens by immunohistochemical analysis (42–44). This suggested that human cancers, including lung cancers, represent poor targets for MHC-I–restricted CTLs and thus correspond to poor candidates for tumor-associated Ag-based immunotherapy (42–46). However, we show in this study that tumor Ag can be presented on cancer cells after degradation by at least two parallel mechanisms, which together contribute to the diversity of antigenic peptides displayed at the surface of malignant cells. Indeed, IGR-Heu NSCLC cells were able to present distinct antigenic peptides, which are processed either by proteasome- or SP-dependent pathways. Our results also show that susceptibility of tumor cells to CTL clone-mediated lysis was directly correlated with TAP expression levels and that TAP downregulation promotes the SP-dependent pathway. This indicates that the immune system can take advantage of this alternative SP-mediated processing mechanism to eliminate tumor immune escape variants with TAP expression defects.

Introduction of the *TAP1* gene in TAP-negative murine lung carcinoma cell lines resulted in an increase in cancer cell antigenicity and antitumor immune responses (47). However, immunotherapy strategies combining both TAP-dependent and TAP-independent epitopes may reinforce tumor-specific T cell responses and improve current cancer vaccines. This is supported by the finding that patient Heu with long-term survival developed conventional proteasome-dependent peptide-specific CTLs in conjunction with SP-dependent peptide-specific T cells to prevent immune escape by cancer cells as a result of processing defects. The presence of effector T cells capable of eliminating both processing-deficient and -proficient tumors is of a major importance for the development of more efficient anticancer immunotherapy approaches. The fact that these TAP-independent self-peptides are not presented by cells with normal processing status and emerge at the cell surface only after alterations in MHC-I Ag processing machinery might explain their immunogenicity and ability to induce an efficient antitumor CTL response. Thus, signal sequence-derived peptides correspond to attractive candidates for specific cancer immunotherapy against TAP-deficient tumor variants.

Acknowledgments

We thank Dr. Pierre Coulie for critical reading of the manuscript.

Disclosures

The authors have no financial conflicts of interest.

References

[illegible]

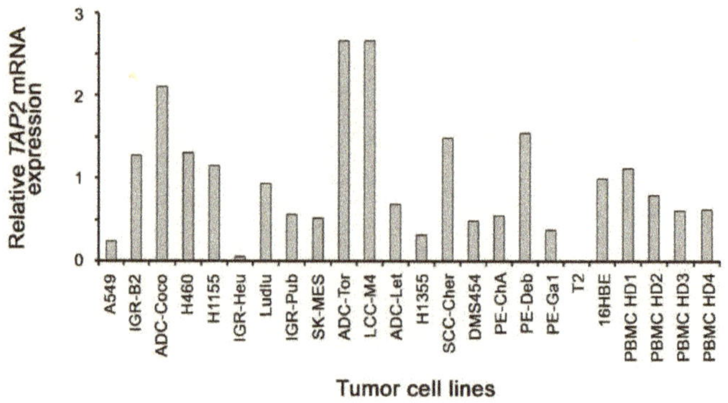

Supplementary Figure 1: Relative TAP2 gene expression in tumor cell lines. Quantitative RT-PCR analyses of TAP2 transcript in lung cancer cell lines. T2 was used as negative control, 16HBE and healthy donor (HD) PBMC were used as positive controls. Expression levels of TAP2 transcript relative to 18S transcript are shown.

<u>PARTIE II</u>: Etude de l'immunogénicité de l'antigène ppCT chez des patients atteints de CBNPC et identification de nouveaux épitopes T CD8

RESUME

Grâce aux avancées majeures sur l'identification et la caractérisation des TAA, l'immunothérapie basée sur ces Ag s'est développée rapidement. Néanmoins, les résultats cliniques des vaccinations utilisant des TAA restent en général décevants du fait que les Ag utilisés sont souvent peu immunogènes. Il est donc nécessaire d'identifier des TAA plus immunogènes capables d'induire une réponse immunitaire forte et prolongée. Vu son spectre d'expression, la ppCT correspond à un candidat prometteur en immunothérapie, Notre premier objectif est donc d'étudier le pouvoir immunogène de cet Ag tumoral. L'épitope $ppCT_{16\text{-}25}$ est exprimé en particulier par les cellules tumorales ayant modulé TAP. Notre deuxième objectif est d'identifier d'autres épitopes T CD8 apprêtés par la voie protéasomes-TAP pour pouvoir cibler à la fois les cellules tumorales ayant modulé ou non ces molécules. J'ai dans un premier temps étudié l'immunogénicité de la ppCT en utilisant des peptides longs de 15 aa issus de ppCT et contenant des épitopes HLA-A2 potentiels. Mes premiers résultats ont permis de démontrer que trois de ces peptides sont immunogènes chez au moins deux patients HLA-A2 atteints de CBNPC. J'ai ensuite étudié l'immunogénicité des différents peptides de 10 aa inclus dans ces peptides de 15 aa. Mes résultats ont permis d'identifier trois épitopes T CD8 permettant la stimulation des PBMC de ces mêmes patients. Nous confirmerons ces résultats chez d'autres patients atteints de CBNPC et analyserons si ces peptides antigéniques sont apprêtés naturellement par les cellules tumorales.

RESULTATS

Au vu de son expression, l'Ag ppCT semble être un candidat prometteur pour développer une stratégie d'immunothérapie chez des patients atteints de cancer du poumon ou de CMT. Il est par conséquent nécessaire de connaître son potentiel immunogène chez plusieurs patients atteints de CBNPC ou de CMT.

Cet Ag possède une séquence de 141 aa. Nous avons fait le choix d'analyser des peptides longs de 15 aa comprenant un ou plusieurs peptides ayant la capacité de se fixer aux molécules HLA-A2. De plus, ces peptides pourraient aussi cibler les lymphocytes T CD4, qui sont importants pour ériger une réponse T cytotoxique. Pour ce faire, j'ai utilisé les logiciels Bimas et SYFPEITHI pour sélectionner les peptides de 15 aa. J'en ai ainsi sélectionné quatre, $ppCT_{1\text{-}15}$, $ppCT_{46\text{-}50}$, $ppCT_{71\text{-}85}$ et $ppCT_{86\text{-}100}$, en fonction du nombre de peptides HLA-A2 prédits et/ou de leur localisation (figure 15).

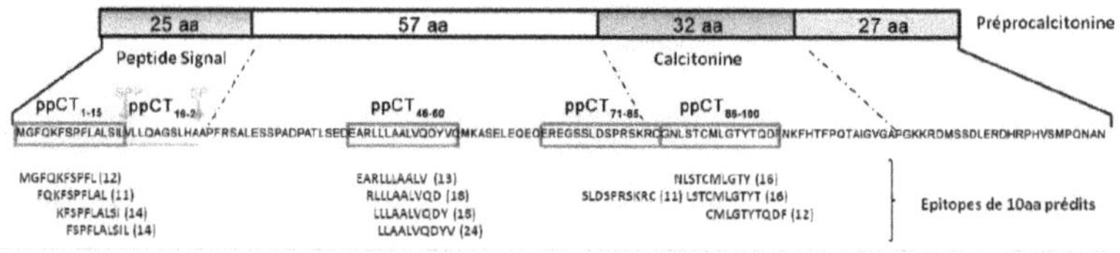

Figure 15 : Prédiction des régions immunogènes de ppCT.

Les logiciels de prédiction Bimas et SYFPEITHI ont été utilisés pour identifier les peptides de 10 aa contenus dans la séquence de l'Ag ppCT qui pourraient se fixer aux molécules HLA-A2. Les scores de prédiction du logiciel SYFPEITHI sont notés entre parenthèses. Trois peptides $ppCT_{1-15}$, $ppCT_{46-60}$ et $ppCT_{86-100}$ contiennent plus de 3 peptides de 10 aa susceptibles de se fixer à HLA-A2. Le peptide $ppCT_{71-85}$, situé juste avant le site de clivage permettant la libération de la CT et contenant un peptide HLA-A2 potentiel, a aussi été sélectionné.

L'Ag ppCT possède différentes régions immunogènes

Dans un premier temps, j'ai analysé l'immunogénicité des peptides de 15 aa en utilisant les PBMC de patients atteints de CBNPC (collaboration avec B. Besse, J-C Soria et N. Chaput, *IGR*). Notre protocole de stimulation a consisté à stimuler deux fois les PBMC avec 20 µM de peptide à un intervalle d'une semaine, puis d'analyser l'efficacité de la stimulation des lymphocytes T CD8 grâce à la synthèse d'IFN-γ détectée par immunofluorescence intracytoplasmique. Mes résultats ont montré que trois des peptides analysés permettent une production d'IFN-γ par des lymphocytes T CD8. En effet, la stimulation avec ces peptides permet une augmentation moyenne de 0.7 % pour $ppCT_{71-85}$ ($p$value < 0.05), de 2.1 %

pour $ppCT_{1-15}$ (pvalue < 0.01) et de 2.3 % pour $ppCT_{86-100}$ (pvalue < 0.001) (figure 16). Ces résultats ont montré aussi que le peptide $ppCT_{46-60}$ ne semble pas capable de stimuler les lymphocytes T CD8. Ces expériences suggèrent que trois des peptides choisis sont immunogènes chez au moins un patient (MARGE).

Pour valider cette hypothèse, j'ai réalisé la même expérience sur les PBMC du patient Heu, qui nous a permis d'identifier l'épitope $ppCT_{16-25}$. Les résultats obtenus ont confirmé l'efficacité de la stimulation avec les peptides $ppCT_{71-85}$ et $ppCT_{86-100}$ avec une augmentation moyenne de 2 % (pvalue < 0.005). Ces résultats ont aussi permis de confirmer que le peptide $ppCT_{46-60}$ ne permet pas de stimuler les lymphocytes T CD8, au moins dans les conditions de stimulation utilisées (Figure 16). Cependant, mes résultats indiquent que le peptide $ppCT_{1-15}$ n'a pas la même efficacité de stimulation chez tous les patients. En effet, les expériences faites chez le patient MARGE ont montré un effet stimulateur de ce peptide, alors que celles faites chez le patient Heu ne montrent pas le même effet.

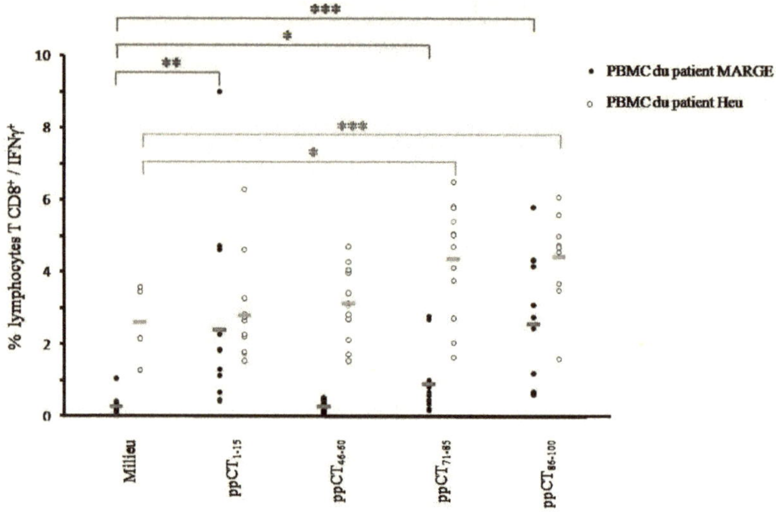

Figure 16: Les peptides de 15 aa ppCT$_{71\text{-}85}$ et ppCT$_{86\text{-}100}$ stimulent des PBMC de deux patients atteints de CBNPC.

Les PBMC des patients MARGE et Heu ont été stimulés 2 fois en plaque 96 puits avec 20 µM de peptide ppCT$_{1\text{-}15}$, ppCT$_{41\text{-}60}$, ppCT$_{71\text{-}85}$ et ppCT$_{86\text{-}100}$. A J15, les 8 puits d'une même colonne ont été regroupés et les PBMC ont été restimulés 6 h avec 2,5 µg/ml de peptide en présence de 10 µg/ml de Brefeldin A. La stimulation des lymphocytes T CD8 par les peptides de 15 aa a été analysée par marquage intracytoplasmique d'IFN-γ. Les PBMC des patients cultivés pendant 15 jours dans du milieu sans peptide ont été utilisés comme contrôle négatif.

• = pool de 8 puits, - = moyenne, * = pvalue < 0,05, ** = pvalue < 0,01, *** = pvalue < 0,005. Les résultats sont représentatifs de 3 expériences indépendantes

L'ensemble de ces résultats suggère que l'Ag ppCT est immunogène. Néanmoins, il semble que les différents peptides n'ont pas les mêmes potentiels de stimulation selon les patients. Il faut noter que les peptides qui semblent les plus immunogènes sont ceux situés dans ou à proximité de la

CT. Cependant, les réponses observées chez le patient MARGE avec le peptide situé dans la région N-terminale du peptide signal ($ppCT_{1-15}$) méritent d'être explorées. En effet, étant libéré dans le cytosol après le clivage par la SP et la SPP, ce peptide pourrait être pris en charge par la voie d'apprêtement dépendante des protéasomes et des transporteurs TAP de manière similaire à celle décrite par Bruno Martoglio pour la fixation d'épitope issus de peptide signal sur la molécule HLA-E (Martoglio and Dobberstein, 1998); (Bland et al., 2003).

Identification des épitopes contenus dans les régions immunogènes

Les résultats obtenus lors de l'étude de la régulation de l'apprêtement de $ppCT_{16-25}$ ont montré que ce peptide est faiblement exprimé à la surface des APC exprimant normalement les molécules TAP. Ceci implique que les cellules tumorales qui expriment fortement TAP ne seront pas capables de présenter correctement ce peptide et donc ne seront pas éliminées lors d'une stratégie vaccinale basée sur $ppCT_{16-25}$. Il est donc nécessaire d'identifier de nouveaux épitopes T CD8 pour pouvoir cibler à la fois les cellules tumorales déficientes et efficientes en transporteurs TAP et pour pouvoir aussi suivre l'efficacité d'une vaccination fondée sur l'Ag ppCT.

Lors de l'étude prédictive avec les logiciels Bimas et SYFPEITHI, un peptide avec un haut score d'affinité pour HLA-A2, $ppCT_{50-59}$, a été identifié (Tableau 3). J'ai également identifié des épitopes putatifs HLA-

A2 inclus dans les peptides longs de 15 aa, $ppCT_{1-15}$ et $ppCT_{86-100}$, qui ont permis de stimuler *in vitro* des lymphocytes T CD8 (patient MARGE). La fixation du peptide $ppCT_{50-59}$ ainsi que celle des autres peptides de 10 aa sur les molécules HLA-A2 a été analysée *in vitro* en utilisant les cellules T2. Ces expériences montrent que le peptide $ppCT_{50-59}$ se fixe avec une forte affinité aux molécules HLA-A2, contrairement aux autres peptides de 10 aa qui ne semblent pas capables de se fixer à ces molécules (Figure 17). Les peptides Actn-4_{91-100} et $ppCT_{16-25}$ ont été utilisés comme contrôles positifs.

<u>Tableau III</u>: Résultats des logiciels de prédiction et du test de fixation pour les différents peptides de 10 aa

Peptide	Séquence	Bimas	SYFPEITHI	% de fixation
$ppCT_{1-10}$	MGFQKFSPFL	18,332	12	0 %
$ppCT_{3-12}$	FQKFSPFLAL	0,663	11	0 %
$ppCT_{5-14}$	KFSPFLALSI	-	14	0 %
$ppCT_{6-15}$	FSPFLALSIL	0,605	14	0 %
$ppCT_{16-25}$	VLLQAGSLHA	31,249	18	20 %
$ppCT_{50-59}$	LLAALVQDYV	319,652	24	125 %
$ppCT_{87-96}$	NLSTCMLGTY	-	16	0 %
$ppCT_{88-97}$	LSTCMLGTYT	0,455	5	0 %
$ppCT_{91-100}$	CMLGTYTQDF	-	12	0 %
Actn-4_{91-100}	FIASNGVKLV	101,181	24	110 %

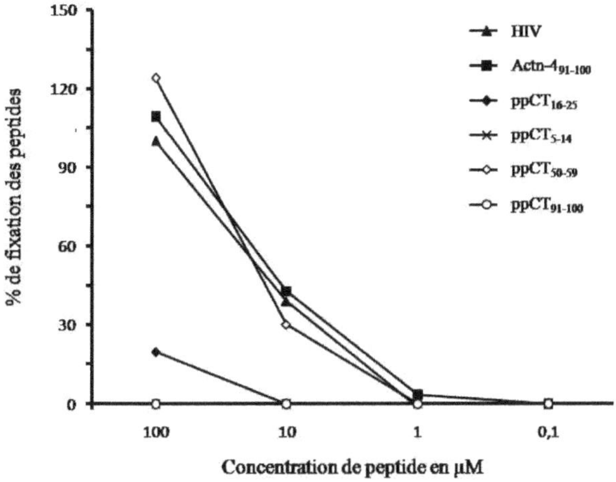

Figure 17 : Etude de la fixation des différents peptides de 10 aa issus de ppCT sur les molécules HLA-A2.

Les cellules T2 ont été incubées une nuit avec différentes concentrations des peptides $ppCT_{5\text{-}14}$, $ppCT_{16\text{-}25}$, $ppCT_{50\text{-}59}$, $ppCT_{91\text{-}100}$ ou Actn-$4_{91\text{-}100}$. L'expression des molécules HLA-A2 a été analysée ensuite par immunofluorescence, puis la fixation des peptides à HLA-A2 a été calculée par rapport au peptide HIV utilisé comme contrôle.

J'ai ensuite stimulé les PBMC du patient MARGE avec les différents peptides de 10 aa prédits par les logiciels, quatre peptides issus de $ppCT_{1\text{-}15}$, et trois issus de $ppCT_{86\text{-}100}$, ainsi qu'avec les peptides $ppCT_{16\text{-}25}$ et $ppCT_{50\text{-}59}$. Les résultats montrent que les peptides $ppCT_{16\text{-}25}$ et $ppCT_{50\text{-}59}$ permettent une augmentation moyenne de sécrétion d'IFN-γ de 0.4% et 0.7 % respectivement (pvalue < 0.001) (Figure 18A). Les résultats montrent aussi que les peptides $ppCT_{5\text{-}14}$ et $ppCT_{6\text{-}15}$ issus du peptide $ppCT_{1\text{-}15}$ induisent une stimulation des lymphocytes T CD8. L'augmentation moyenne de sécrétion d'IFN-γ est de 0.7 % pour $ppCT_{5-14}$ et de 0.4 % pour $ppCT_{6-15}$ (pvalue < 0.05) (Figure 18B). Les deux autres peptides, $ppCT_{1-10}$ et $ppCT_{3-12}$ ne semblent pas capables de stimuler les lymphocytes T CD8. En ce qui concerne les peptides issus de $ppCT_{86-100}$, les résultats suggèrent que deux d'entre eux, $ppCT_{88-97}$ et $ppCT_{91-100}$, induisent une activation des lymphocytes T CD8. En effet, l'augmentation moyenne d'IFN-γ induite par ces deux peptides est de 0.4 % (pvalue < 0.005) (Figure 18C).

Ces résultats suggèrent que les peptides $ppCT_{5-14}$, $ppCT_{6-15}$, $ppCT_{16-25}$, $ppCT_{50-59}$, $ppCT_{88-97}$ et $ppCT_{91-100}$ correspondent à des épitopes immunogènes permettant d'induire une réponse T CD8. Il est aussi intéressant de noter l'induction d'une réponse T CD8 lors des stimulations avec $ppCT_{16-25}$, suggérant qu'il existe des précurseurs spécifiques à ce peptide non seulement dans les TIL du patient Heu, mais aussi dans les PBMC du patient MARGE. En ce qui concerne les peptides $ppCT_{5-14}$, $ppCT_{6-15}$, $ppCT_{88-97}$ et $ppCT_{91-100}$, étant donné leur faible capacité à se fixer à HLA-A2, des études supplémentaires sont nécessaires. En effet, nous pourrions envisager de modifier ces peptides pour augmenter leur capacité à se fixer à HLA-A2 ou d'identifier d'autres molécules du CMH-I auxquelles ils pourraient se lier. Nous analyserons les peptides de 9 aa issus des peptides de 15 aa qui ont la capacité de se fixer aux molécules HLA-A2. Enfin, mes résultats montrent que, de manière générale, les peptides de 10 aa ont une efficacité de stimulation plus faible que des peptides de 15 aa.

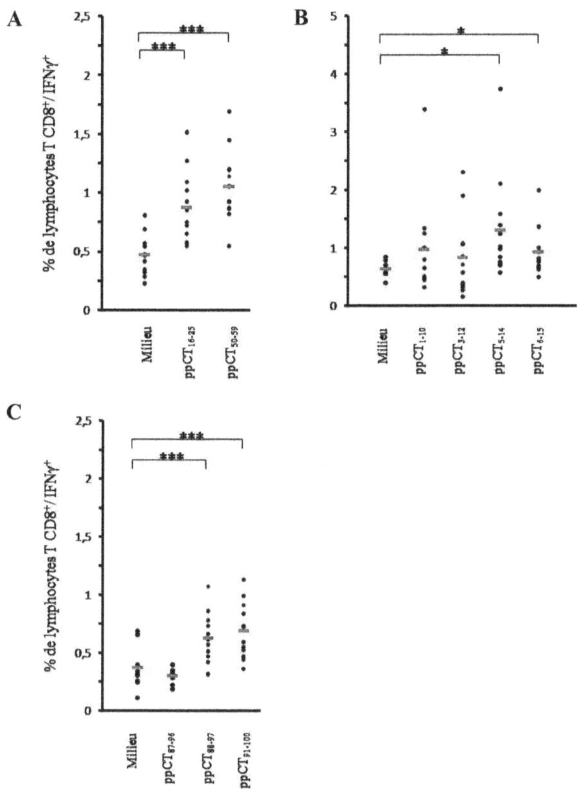

<u>Figure 18</u>: Capacité de différents peptides de 10 aa à stimuler les PBMC d'un patient atteint de CBNPC.

Les PBMC du patient MARGE ont été stimulés en plaque 96 puits avec 20 μM de peptides (A) $ppCT_{16\text{-}25}$ ou $ppCT_{50\text{-}59}$, (B) $ppCT_{1\text{-}10}$, $ppCT_{3\text{-}12}$, $ppCT_{5\text{-}14}$ ou $ppCT_{6\text{-}15}$ et (C) $ppCT_{87\text{-}96}$, $ppCT_{88\text{-}97}$ ou $ppCT_{91\text{-}100}$. A J15, Les puits correspondant à chaque colonne ont été regroupés et les PBMC ont été restimulés 6 h avec 2,5 μg/ml de peptide en présence de 10 μg/ml de Brefeldin A. L'activation des lymphocytes T $CD8^+$ avec les peptides a été analysée par marquage intracytoplasmique de l'IFN-γ. Les PBMC cultivés pendant 15 jours dans du milieu sans peptide ont été utilisés comme contrôle négatif.

• = pool de 8 puits, - = moyenne, * = pvalue < 0,05, *** = pvalue < 0,005.

Isolation de clones T CD8 spécifiques des peptides ppCT identifiés

Mes expériences en cours visent à isoler des clones T CD8 spécifiques des peptides $ppCT_{16-25}$, $ppCT_{50-59}$ et $ppCT_{91-100}$ à partir des PBMC des patients Heu et/ou MARGE. Dans un premier temps, j'ai stimulé les PBMC du patient Heu avec ces différents peptides, puis j'ai trié et cloné les lymphocytes T $CD8^+$ / IFN-γ^+ (Kit *IFN-γ Secretion Assay*, Miltenyi). Après 30 jours de culture en présence de cellules tumorales (IGR-Heu) irradiées et de lymphocytes B autologues (B-EBV) (Echchakir et al., 2000), préalablement chargés avec les différents peptides et irradiés, j'ai sélectionné les clones T spécifiques en analysant leur capacité à reconnaître les cellules GerlA2 chargées avec chacun des peptides. J'ai ainsi isolé six clones capables de sécréter de l'IFN-γ et qui semblent spécifiques des trois peptides sélectionnés (Figure 19). Ces clones seront analysés pour leur capacité à reconnaître la lignée tumorale IGR-Heu transfectée ou non avec les molécules TAP afin d'étudier si les peptides $ppCT_{50-59}$ et $ppCT_{91-100}$ sont naturellement apprêtés par les cellules tumorales.

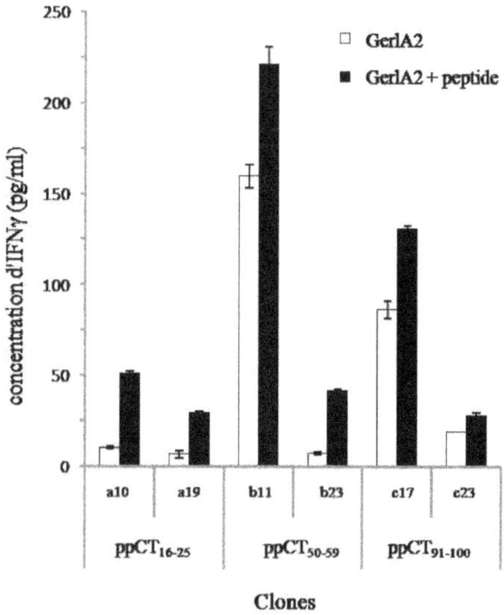

<u>Figure 19</u>: Etude de la spécificité des clones CTL issus du clonage des lymphocytes T CD8 après la stimulation avec les peptides $ppCT_{16\text{-}25}$, $ppCT_{50\text{-}59}$ et $ppCT_{91\text{-}100}$.
Les clones T CD8 issus des stimulations des PBMC du patient Heu par les peptides $ppCT_{16\text{-}25}$, $ppCT_{50\text{-}59}$ et $ppC_{T91\text{-}100}$ ont été incubés 18 h à 37°C avec des cellules GerlA2 chargées ou non avec les peptides $ppCT_{16\text{-}25}$, $ppCT_{50\text{-}59}$ et $ppCT_{91\text{-}100}$ à un rapport E:C = 1:10. La sécrétion d'IFN-γ par les clones a été dosée dans le surnageant par ELISA.

L'ensemble de ces travaux montrent que l'Ag ppCT est immunogène et qu'il inclut d'autres épitopes que $ppCT_{16\text{-}25}$. La présence de précurseurs spécifiques de ces épitopes chez différents patients pourrait signifier qu'une vaccination basée sur la ppCT est envisageable et qu'elle pourrait induire une réponse immunitaire polyépitopique dirigée contre les cellules tumorales.

DISCUSSION

DISCUSSION

Les avancées majeures dans la compréhension de la réponse immunitaire antitumorale ainsi que la découverte et la caractérisation des TAA ont permis le développement d'approches d'immunothérapie plus ciblées. La majorité de ces approches sont développées dans le mélanome et sont essentiellement basées sur la vaccination des patients avec des Ag tumoraux ou le transfert adoptif de lymphocytes T spécifiques de ces Ag. L'identification d'Ag tumoraux associés aux cancers bronchiques a permis d'initier des approches similaires et des essais cliniques sont en cours (Nemunaitis et al., 2006) ; (Brichard and Lejeune, 2007) ; (Sangha and Butts, 2007) ; (Mellstedt et al., 2011). La majorité des TAA identifiés dans les cancers pulmonaires sont issus de mutations géniques, tels que le facteur d'élongation 2 (Hogan et al., 1998), l'α-actinine-4 (Echchakir et al., 2001), le ME1 (Karanikas et al., 2001) ou le NFYC (Takenoyama et al., 2006) ce qui exclut leur utilisation en immunothérapie antitumorale. D'autres Ag, tels que MAGE, MUC1 et HER2/Neu sont partagés par plusieurs cancers bronchiques, et sont donc la cible de plusieurs approches vaccinales (Dreicer et al., 2009) ; (Viaud et al., 2010) ; (Mellstedt et al., 2011). L'Ag ppCT est également partagé par plusieurs cancers du poumon et correspond a un candidat prometteur en immunothérapie antitumorale (Mami-Chouaib et al., 2008). Cet Ag est codé par le gène *CALCA*, codant la CT et le CGRP.

Surexpression du gène CALCA dans les tumeurs

Une surexpression du gène *CALCA* a été retrouvée dans les MTC, cancers issus des cellules C de la thyroïde, mais de manière plus surprenante, dans les cancers bronchiques (Bondy, 1981) ; (El Hage et al., 2008b). Cette surexpression a aussi été mise en évidence dans le cancer de la prostate (di Sant'Agnese and de Mesy Jensen, 1987). De plus, une hypercalcémie, résultant d'une augmentation de la CT sérique, a été observée chez plusieurs patients atteints de différents types de cancers, tels que le cancer du sein (Coombes et al., 1975), le cancer du pancréas (Galmiche et al., 1980), le cancer du foie (Fujiyama et al., 1986) ou les leucémies (Foa et al., 1982). Les mécanismes conduisant à la surexpression de la CT dans ces cancers ne sont pas encore très bien élucidés.

Il est maintenant clairement établi qu'au cours de la transformation maligne, les cellules tumorales accumulent des anomalies génétiques et épigénétiques. La modification épigénétique la plus étudiée correspond à la méthylation aberrante des îlots CpG de plusieurs gènes. Ainsi, les recherches épigénétiques sur les MTC ont permis de montrer une hypométhylation d'un îlot CpG du gène *CALCA* corrélée avec une surexpression de la CT (Baylin et al., 1986). La méthylation de cet îlot dans la plupart des tissus normaux est corrélée avec une diminution de l'expression du gène *CALCA*, mais elle ne semble pas bloquer totalement sa transcription (Baylin et al., 1986). Néanmoins, les études menées sur les cancers bronchiques qui expriment la CT ont montré une hyperméthylation de plusieurs îlots CpG du gène *CALCA* (Baylin et al., 1986) et de son promoteur (Ji et al., 2011). Ainsi, au moins dans les cancers du poumon, ces hyperméthylations ne semblent pas être impliquées dans l'inhibition de la transcription du gène *CALCA*, mais sembleraient plutôt favoriser sa transcription. Il serait intéressant de comparer les méthylations des différents îlots CpG du gène *CALCA* dans plusieurs tumeurs pulmonaires surexprimant ou non la CT et de déterminer la valeur pronostique de cette expression sur la survie des patients.

Influence du niveau d'expression de TAP sur le répertoire antigénique

Les travaux antérieurs de notre équipe ont permis d'identifier un épitope tumoral codé par l'exon 2 du gène *CALCA*, commun aux transcrits CT et CGRP, et issu de la séquence *signal* des deux préprohormones. Ce peptide antigénique, $ppCT_{16\text{-}25}$, est apprêté indépendamment des protéasomes et des transporteurs TAP, par la SP qui clive son extrémité C-terminale et la SPP qui coupe son extrémité N-terminale (El Hage et al., 2008b). A mes connaissances, il s'agit du premier épitope tumoral décrit dans la littérature dont l'apprêtement est assuré par cette voie SP-SPP.

Il a été décrit que les cellules T2, déficientes en TAP, sont capables de présenter sur les molécules HLA-A2 des peptides dérivés de séquences *signal* de proprotéines et que ces peptides peuvent émerger à la surface des cellules tumorales lors d'une altération de la voie classique d'apprêtement (Henderson et al., 1992) ; (Wei and Cresswell, 1992). Le mécanisme d'apprêtement de ces peptides est encore mal défini, mais certains d'entre eux peuvent être reconnus par les lymphocytes T CD8 (Lampen et al., 2010) ; (Oliveira et al., 2010). En effet, une réactivité vis-à-vis de tumeurs ayant perdu ou modulé TAP a été accordée à des CTL spécifiques d'épitopes associés à un défaut de la voie classique d'apprêtement, les TEIPP (« *T cell epitopes associated with impaired peptide processing* »). Les travaux réalisés chez la souris déficiente en TAP a ainsi permis de démontrer l'existence de ces TEIPP, grâce notamment à l'identification du peptide Trh4 (« *Translocating chain-associating membrane protein homolog 4* »). Néanmoins, la nature de ces peptides et les mécanismes exactes d'apprêtement sont encore inconnus (van Hall et al., 2006). Chez l'homme, l'analyse par spectrométrie de masse de peptides présentés par les molécules HLA-A2 à la surface de deux lignées cellulaires, une déficientes en molécules TAP (lignée LCL721.45) et l'autre exprimant ces molécules (lignée LCL721.174) ont montré une différence de leur répertoire antigénique. Une grande partie des peptides identifiés ne sont pas issus des séquences *signal*, n'excluant pas le rôle du protéasome dans leur génération (Weinzierl et al., 2008).

L'épitope $ppCT_{16\text{-}25}$ est le premier TEIPP humain dont la séquence et le mécanisme d'apprêtement sont bien caractérisés (El Hage et al., 2008b). En effet, nous avons montré que la lignée IGR-Heu, présentant cet épitope dans un contexte HLA-A2, exprime faiblement TAP1 et TAP2. Nos résultats ont montré aussi que le rétablissement de l'expression de TAP1 et de TAP2 inhibe la présentation de l'épitope $ppCT_{16\text{-}25}$ à la surface de cette lignée. Par opposition, la modulation de TAP dans des lignées allogéniques exprimant la ppCT permet d'induire l'expression membranaire de $ppCT_{16\text{-}}$

$_{25}$ et sa reconnaissance par les CTL spécifiques. Ces résultats suggèrent que les molécules TAP régulent l'expression de peptides issus de la voie SP-SPP. Nos résultats montrent ainsi que la sensibilité des cellules tumorales à la lyse par les CTL est directement corrélée avec le niveau d'expression des molécules TAP, et que son inhibition favorise l'émergence de peptides issus de la voie SP-SPP. Ces résultats suggèrent aussi qu'il existe une compétition entre les peptides issus des voies d'apprêtement protéasome-TAP et SP-SPP pour leur présentation par les molécules du CMH-I. Le défaut de chargement du peptide $ppCT_{16-25}$, que nous avons montré lors du traitement de la lignée IGR-Heu avec de l'IFNγ ou sa transfection avec TAP1 et TAP2, pourrait être expliqué par une faible quantité de ce peptide dans le RE par rapport au nombre de peptides provenant de la voie classique protéasome-TAP. Ces faibles quantités de peptides pourraient être aussi le résultat d'une traduction faible du transcrit *CALCA* et/ou d'un faible rendement de la voie SP-SPP.

Notre étude a montré aussi que toutes les lignées tumorales surexprimant le gène *CALCA* surexpriment également le gène *SP*. Néanmoins, le niveau d'expression du gène *SPP* n'est pas corrélé avec celui du gène *CALCA*. Cette différence entre l'expression de la SP et de la SPP peut être expliquée par le fait que la SP est essentielle au clivage des séquences *signal* contrairement à la SPP. Nos résultats suggèrent que les peptides dérivés de séquences *signal* provenant de protéines sécrétées et apprêtés grâce à la voie SP-SPP représentent une source importante d'épitopes présentés par les tumeurs déficientes en TAP.

Une autre voie d'apprêtement indépendante des molécules TAP a été décrite. En effet, la furine, présente au niveau de l'appareil de Golgi, permet aussi de cliver les proprotéines et de générer de peptides viraux présentés par les molécules du CMH-I indépendamment des transporteurs TAP (Johnstone and Del Val, 2007). Ce mécanisme d'apprêtement conduit aussi à une reconnaissance des cellules cibles par les CTL en l'absence des molécules TAP, mais son efficacité est dépendante du niveau d'expression des TAP (Medina et al., 2009). Néanmoins, aucun épitope tumoral apprêté par cette voie n'a été identifié. Il serait intéressant d'analyser la fonctionnalité de cette voie d'apprêtement dans les lignées tumorales ayant perdu TAP.

Nos résultats par PCR quantitative et Western Blot ont montré une modulation ou une perte d'expression des gènes *TAP1* et *TAP2* dans plusieurs lignées tumorales bronchiques et prélèvements tumoraux frais. L'inhibition de l'expression des molécules TAP a été décrite dans plusieurs tumeurs humaines, notamment les cancers bronchiques, comme un mécanisme d'échappement tumoral au système immunitaire (Korkolopoulou et al., 1996) ; (Lou et al., 2005) ; (Seliger, 2008). En effet, les cellules tumorales sont capables d'échapper à la réponse T CD8 en inhibant la voie protéasomes-TAP et ainsi la présentation de TAA apprêtés par cette voie. Cependant, nos résultats montrent que certains Ag tumoraux peuvent être apprêtés par au moins un mécanisme alternatif, dépendant de SP-SPP, contribuant ainsi à la diversité du répertoire antigénique présenté à la surface des cellules tumorales, et permettant ainsi au système immunitaire de contourner cette voie d'échappement.

L'ensemble de ces résultats indique que le système immunitaire peut contourner l'échappement tumoral associé à l'altération de la voie protéasomes-TAP en reconnaissant des Ag issus de voies alternatives d'apprêtement, telle que la voie SP-SPP, et en éliminant ainsi les variants tumoraux ayant perdu TAP.

Immunogénicité de la ppCT

L'ensemble de nos travaux permet de penser que l'Ag ppCT est un candidat prometteur en immunothérapie antitumorale. En effet, les CTL spécifiques de $ppCT_{16\text{-}25}$ auraient l'avantage majeur d'éliminer les tumeurs ayant échappé au système immunitaire en inhibant l'expression des TAP. Néanmoins, l'identification de nouveaux épitopes issus de ppCT et apprêtés par la voie classique protéasomes-TAP nous permettrait de cibler aussi les cellules tumorales exprimant normalement TAP et de suivre (*monitorer*) la réponse antitumorale suite à une vaccination avec ppCT. Afin d'analyser l'immunogénicité de ppCT et d'identifier des épitopes apprêtés par cette voie, nous avons utilisé une approche d'immunologie inverse. Nous avons identifié trois peptides longs de 15 aa permettant une stimulation des CTL, dont un est localisé dans la région N-terminale du peptide signal ($ppCT_{1\text{-}15}$) et un deuxième au niveau de la CT elle-même ($ppCT_{86\text{-}100}$).

Un peptide signal comprend deux régions polaires c et n correspondant respectivement aux domaines C- et N-terminaux, séparées par une région centrale hydrophobe, h (von Heijne, 1990). Son orientation peut être de deux types : soit de type I quand sa partie N-terminale est dirigée vers le RE, soit être de type II quand sa partie N-terminale est cytoplasmique (Martoglio and Dobberstein, 1998) (Figure 20).

L'orientation de type I est favorisée par peu ou pas d'aa chargés dans la région n et/ou dans la région h, contrairement à l'orientation de type II qui est favorisée quand les aa de la région n sont chargés. Après le clivage par la SP et la SPP des peptides signal de type II, leur extrémité N-terminale peut être libérée dans le cytoplasme tandis que leur extrémité C-terminale est libérée dans le RE où ils ont accès aux molécules du CMH-I pour s'y fixer directement.

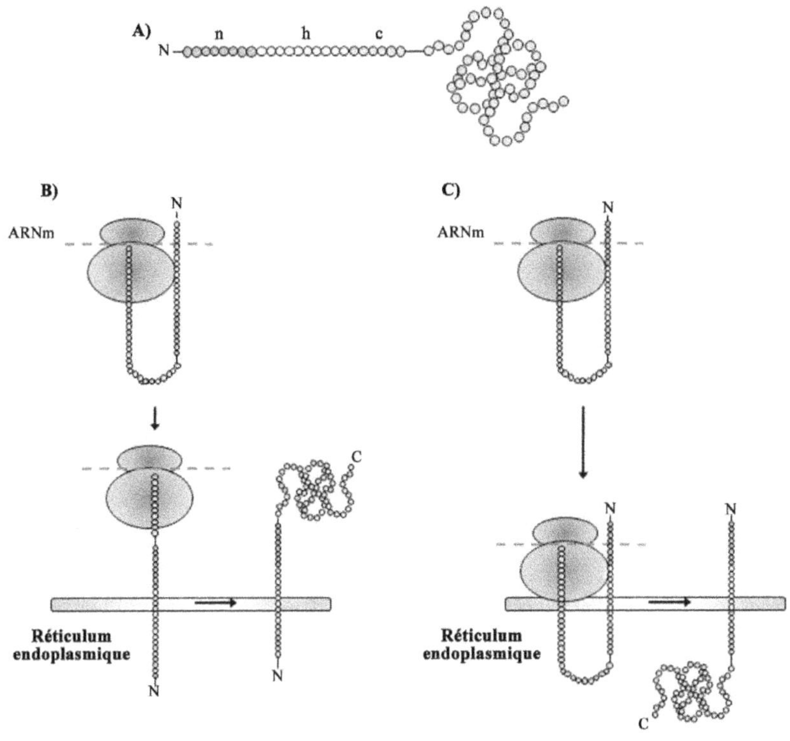

Figure 20 : **Structure et orientation des peptides signal.**

A) Structure d'un peptide signal. Le peptide signal est constitué de deux cores hydrophiles (c et n) séparés par une région hydrophobe (h). L'orientation d'ancrage à la membrane du RE est déterminée suivant les propriétés hydrophiles des régions c et n. **B)** L'ancrage est de type I quand l'extrémité N-terminale est dans le RE. **C)** Il est de type II quand l'extrémité N-terminale est cytoplasmique (d'après (Martoglio and Dobberstein, 1998).

Ainsi le peptide signal de la ppCT est de type II. En effet, nous avons démontré que sa région C-terminale est libérée dans le RE et donne naissance à l'épitope $ppCT_{16-25}$ qui est directement chargé sur les molécules HLA-A2. Il serait intéressant d'examiner si la partie N-terminale, correspondant au peptide $ppCT_{1-15}$, peut être prise en charge par la voie protéasomes-TAP et ainsi générer un épitope présenté par les molécules du CMH-I (Figure 21).

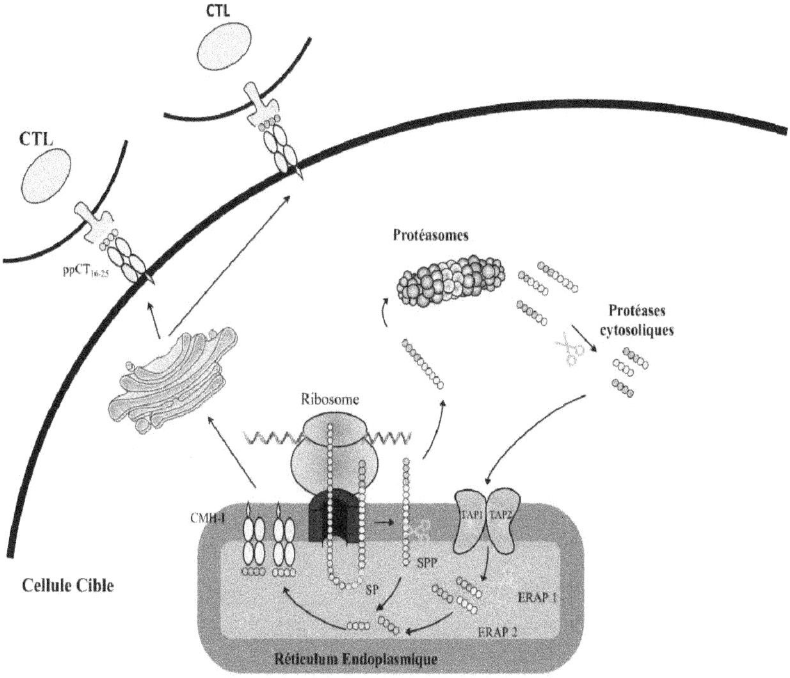

Figure 21 : Schéma hypothétique de l'apprêtement du peptide $ppCT_{1\text{-}15}$

Après le clivage par la SPP, la partie N-terminale du peptide signal de ppCT pourrait être prise en charge par la voie protéasome-TAP pour présenter à la surface de la cellule cible un ou plusieurs épitopes reconnus par les CTL.

Le deuxième peptide capable de stimuler des lymphocytes T CD8 est le peptide $ppCT_{91\text{-}100}$, issu du peptide de 15 aa $ppCT_{86\text{-}100}$, et est localisé dans la CT elle-même. Ces résultats sont en accord avec les travaux de l'équipe de Matthias Schott qui, après immunisation de souris avec de la CT humaine, a pu isoler des CTL restreints par $H2\text{-}K^b$ spécifiques de deux peptides de 8 aa contenus dans la séquence $ppCT_{86-100}$ et dont un est issu du peptide $ppCT_{91-100}$ (Wuttke et al., 2008). Il serait donc intéressant d'analyser chez plusieurs patients atteints de CBNPC, ou chez des souris humanisées, l'induction d'une réponse CTL après une stimulation de leur PBMC avec le peptide $ppCT_{91-100}$ modifié ou non afin d'augmenter son affinité pour les molécules HLA-A2.

ppCT et vaccination peptidique

Nos résultats ont montré que les peptides de 15 aa permettent d'induire une meilleure réponse des lymphocytes T CD8 que les peptides de 10 aa. Il a aussi été montré que l'utilisation de vaccins basés sur des peptides de 8-9 aa permet une stabilisation de la progression tumorale (Simpson et al., 2005), mais les thérapies fondées seulement sur l'activation des CTL ne sont pas optimales dans les cancers traités en phase tardive, en raison de la mise en place des mécanismes d'échappement tumoraux et l'absence de lymphocytes T auxiliaires (Nishimura et al., 1999); (Nishikawa et al., 2005). En effet, l'activation d'une réponse T helper est essentielle pour une stimulation plus efficace des CTL et l'induction d'une mémoire immunologique (Takeshima et al., 2010). Récemment, il a été démontré qu'un mélange de peptides longs synthétiques dérivés de la séquence naturelle du HPV permet d'induire une meilleure réponse dans la néoplasie vulvaire intraépithéliale que l'utilisation de peptides courts (Kenter et al., 2009). Ainsi, un vaccin peptidique basé sur des peptides longs, contenant à la fois des épitopes reconnus par les lymphocytes T CD4 et T CD8, semble être une stratégie rationnelle pour activer une immunité antitumorale efficace (Slingluff, 2011) ; (Takahashi et al., 2012). Il serait donc intéressant d'analyser la réponse T helper induite par la stimulation des PBMC avec les peptides $ppCT_{1\text{-}15}$ et $ppCT_{86\text{-}100}$ et d'identifier des épitopes T CD4.

PERSPECTIVES

Le développement d'approches thérapeutiques contre le cancer bronchique est devenu un enjeu socio-économique mondial, dû notamment à son incidence en constante augmentation. Les avancées réalisées dans ce domaine ont permis l'identification des premiers TAA associés à ce type de cancer. Ceci démontre que ces cancers sont immunogènes faisant ainsi d'eux des candidats pour le développement d'approches vaccinales. Néanmoins, les essais d'immunothérapie basés sur vaccination peptidique n'ont pas abouti aux résultats attendus.

L'Ag ppCT correspond à un candidat potentiel pour une stratégie de vaccination peptidique. En effet, une surexpression de la CT a été observée dans le sérum de patients atteints de différents types de cancer, dont le cancer de poumon (Silva et al., 1976). Il serait intéressant de confirmer ces résultats et de tenter d'établir une corrélation entre la surexpression sérique de cette hormone et une expression du gène *CALCA* dans la tumeur, ainsi que la présence de précurseurs T spécifiques de ppCT. Ceci nous permettra de valider la ppCT comme un biomarqueur pour sélectionner les patients pouvant bénéficier d'une vaccination fondée sur cet Ag. A la lumière des résultats encourageants obtenus chez deux patients, il est nécessaire d'élargir cette étude en incluant une trentaine de patients afin de confirmer l'immunogénicité de la ppCT, en particulier les peptides de 15 aa ainsi que les peptides de 10 aa ($ppCT_{16-25}$, $ppCT_{50-59}$ et $ppCT_{91-100}$) que nous avons identifiés. Nous doserons également la CT dans le sérum des patients HLA-A2, et stimulerons leurs PBMC avec les différents peptides afin d'analyser leur immunogénicité. Il serait également intéressant d'identifier des épitopes T CD4 capables d'induire une réponse T helper permettant d'amplifier la réponse T CD8.

Nous envisageons ensuite d'utiliser un modèle préclinique de souris transgéniques pour les molécules HLA-A2 (en collaboration avec F. Lemmonier) afin de valider le potentiel immunogène de l'Ag ppCT *in vivo* et de développer une stratégie vaccinale. Il est important de comparer différentes méthodes d'immunisation afin d'optimiser la réponse immunitaire dirigée contre cet Ag. La première stratégie sera basée sur l'utilisation des peptides de 15 aa que nous avons identifiés *in vitro*. La deuxième stratégie consistera à immuniser les souris avec un lentivirus codant la séquence entière de ppCT. Ces stratégies vaccinales seront optimisées en utilisant soit des adjuvants, tels que l'IFA, des TLR, des cytokines (IL-2, IL-7) ou des chimiokines, soit des drogues de chimiothérapie afin de sensibiliser les cellules tumorales à l'apoptose.

L'effet antitumoral sera étudié dans le même modèle de souris transgéniques pour HLA-A2 que nous transplanterons avec une lignée de cancer de poumon murine, telle que la lignée LL2, préalablement transfectée pour exprimer la ppCT et les molécules HLA-A2. La croissance tumorale sera suivie ainsi que la réponse immunitaire T CD8 spécifiques des épitopes identifiés. Une stratégie thérapeutique multimodale, combinant les traitements conventionnels, telles que la chimiothérapie ou les thérapies ciblées, et l'immunothérapie, nous semble plus appropriée pour éradiquer la tumeur. Ceci permettrait de sensibiliser les cellules tumorales à l'apoptose et donc d'augmenter l'efficacité des vaccins administrés. Nous envisageons aussi de combiner ces stratégies avec des Ac neutralisant ciblant PD-1 ou CTLA-4, afin de lever l'inhibition de la réponse immunitaire antitumorale. En effet, le développement d'une approche d'immunothérapie efficace visant une stimulation optimale du système immunitaire contre un ou plusieurs Ag tumoraux nécessitera vraisemblablement de neutraliser les divers mécanismes utilisés par les cellules tumorales pour échapper à la réponse T.

PROCEDURES EXPERIMENTALES

PROCEDURES EXPERIMENTALES

Etablissement et culture des lignées tumorales et des clones CTL

La lignée tumorale humaine IGR-Heu a été établie *in vitro* à partir des prélèvements tumoraux d'un patient Heu souffrant d'un CBNPC. Les clones Heu171 et Heu161 ont été isolés à partir des TIL autologues. Les lignées de CBNPC IGR-B2, ADC-Coco, IGR-Pub, LCC-M4, SCC-Cher, ADC-Tor, ADC-Let, PE-ChA, PE-Deb et PE-Ga1 ont également été établies à partir des prélèvements tumoraux de patients atteints de CBNPC ou à partir des épenchements pleuraux. Les lignées A549 (ADC), SK-Mes, Ludlu (SCC), DMS53, DMS454 (SCLC), TT (MTC) et T2 proviennent de l'ATCC (*American Type Culture Collection*). Les lignées H460, H1155 (LCC) et H1355 (ADC) ont été fournies par S. Rogers (Brigham and Women's Hospital, Boston, MA).

Les lignées tumorales sont maintenues en culture dans du milieu DMEM/F12 complémenté avec 10% de sérum de veau fœtal (Gibco, Invitrogen) décomplémenté, 1% d'Ultroser G et 1% de pénicilline et streptomycine (GibcoBRL/Life Technologies, Cergy Pontoise, France). Les CTL sont cultivés dans du milieu RPMI 1640 (Gibco, Invitrogen) contenant 10% de sérum humain AB (Institut Jacques Boy), 1% de sodium pyruvate et 200 UI/mL d'IL-2 recombinante (Roussel-uclaf) en présence de cellules tumorales ($3{,}10^3$/puits) et de cellules lymphoblastoïdes ($4{,}10^4$/puits, cellules B transformées avec le virus EBV) autologues irradiées.

Les DC proviennent de donneurs sains HLA-A2. Les PBMC sont obtenus à partir du sang périphérique sur un gradient de Ficoll (GeHealthCare) puis les monocytes ont été isolés par tri magnétique avec un Ac anti-CD14 (Miltenyi) et mis en culture 6 jours en présence de 100 ng/ml d'IL-4 recombinante (Miltenyi), et de 250 ng/ml de GM-CSF (Schering plough).

RT-PCR quantitative en temps réel (TaqMan)

1 µg d'ARN est rétrotranscrit en ADNc en utilisant des héxamères aléatoires (Applied Biosystems). La PCR en temps réel est réalisée en utilisant 5 µL d'ADNc dilué dans un volume final de 25 µL, conformément aux recommandations du fabricant (Applied Biosystems). Les amorces des gènes de *TAP1*, *TAP2*, *SP*, *SPP* et *CALCA* sont conçues par Applied Biosystems (TAP1: Hs00184465_ml; TAP2: Hs00241066_ml ou Hs00241060_ml; SP: Hs00264468_ml; SPP: Hs00604897_ml; CALCA: Hs00266142_ml). Le taux d'ARN amplifié est normalisé par l'amplification simultanée d'un contrôle endogène (18S) et la quantification relative des transcrits est basée sur la méthode de la courbe standard.

Western Blot

Les extraits protéiques totaux sont préparés par la lyse des cellules dans une solution de CHAPS (Hepes 10mM pH 7,4, NaCl 150mM, CHAPS 1%, glycérol 10%), supplémentée par un cocktail d'anti-protéases (Complete

Mini, Roche) et d'orthovanadate (2mM). Les cellules sont lysées pendant 30 min à 4°C. Les lysats protéiques sont ensuite centrifugés à 10.000 g afin d'éliminer les débris cellulaires. Après dosage, les échantillons protéiques à quantité équivalentes (50 µg) sont dénaturés dans le tampon de Laemmli et déposés sur gel de polyacrylamide-bisacrylamide dénaturant (SDS-PAGE, gradient de 4 à 20%). Après migration, les protéines sont transférées sur une membrane de nitrocellulose (Pierce/Perbio, Rockford, IL) par électrophorèse en milieu liquide pendant 1 h à 100 V. Après transfert, la membrane est bloquée dans une solution de TBS 1X (20 mM Tris-HCl), de 5% lait ou BSA, et de 0,1% Tween 20 (TBS-Tween-lait/BSA) pendant 1 h à température ambiante. La membrane est ensuite incubée avec les Ac primaires puis secondaires couplés à la peroxydase, dilués dans le tampon TBS-Tween-lait/BSA. Enfin, l'immunoréactivité est révélée par chimioluminescence avec le substrat SuperSignal WestPico (Pierce/Perbio). Une autoradiographie est alors réalisée avec un film CL-XPosure™ (Pierce/Perbio).

Les Ac utilisés sont les suivants :

Protéine	Fournisseur	Dilution
TAP1	Donner par E. Wiertz	1/400ème
β2	Abcam	1/1000ème
LMP7	Abcam	1/1000ème
SPP	Abcam	1/1000ème
Actine	Santa Cruz Biotechnology	1/1000ème

Transfection stable de la lignée tumorale IGR-Heu

Les cellules tumorales sont cultivées, en milieu de culture ne contenant pas d'antibiotiques, en plaque 6 puits jusqu'à atteindre 90% de confluence. Le jour de la transfection, 4 µg d'ADN plasmidique de TAP1 et TAP2 dilués en OPTIMEM-I (Gibco, Invitrogen), sont complexés avec la Lipofectamine™2000 (Invitrogen) pendant 20 min à température ambiante. Puis le mélange est déposé sur les cellules tumorales qui seront incubées à 37°C pendant 4 h. Du milieu de culture sans antibiotique est ensuite ajouté. Après 48 h, les cellules tumorales sont passées en milieu frais contenant l'agent de sélection, le G418 (PAA), à raison de 500 µg/mL. Les cellules transfectées sélectionnées sont ensuite analysées par PCR quantitative. Des clones IGR-Heu exprimant TAP1 et TAP2 à des niveaux différents de manière stable ont ainsi été séléctionnés.

ARN Interférence

L'inhibition de l'expression de TAP par ARN interférence dans la lignée tumorale TT et dans la lignée 293EBNA est réalisée en utilisant un siRNA ciblant spécifiquement TAP1 (GCCGAUACCUUCACUCGAAdTdT et UUCGAGUGAAGGUAUCGGCdTdT) provenant de chez Qiagen. Brièvement, les cellules sont transfectées deux jours consécutifs par électroporation avec 0,4 nM de siRNA avec le système *Gene Pulser Xcell* (Bio-Rad Laboratories) à 300 V, 500 µF. Une deuxième électroporation est réalisée 24 h après, et les cellules sont cultivées 48 h avant la mise en coculture avec les CTL. Le siRNA ciblant spécifiquement la luciférase, siRNA-Luc (siRNA duplex, CGUACGCGGAAUACUUCGAdTdT, et UCGAAGUAUUCCGCGUACGdTdT), inclus comme contrôle négatif, est fourni par Sigma-Proligo.

Test de cytotoxicité

L'activité cytotoxique des clones CTL est mesurée par le test conventionnel de relargage de chrome radioactif $^{51}CrNa_2O_4$ (Amersham-Biosciences). Brièvement, un million de cellules cibles sont marquées avec 100 µCi de chrome radioactif pendant 1 h à 37°C. Après lavages, 3000 cellules sont déposées dans chaque puits de plaques 96 puits à fond rond. Les cellules effectrices sont ensuite ajoutées à différents rapports effecteur/cible. Après 4 h d'incubation, les surnageants sont transférés dans des plaques LumaPlateTM 96 puits (PerkinElmer), puis sont ensuite placées pendant 18 h à 46° C. Leur lecture est faite à l'aide du programme TopCount NXT. Le pourcentage de lyse spécifique est alors calculé de manière conventionnelle. Dans les expériences de chargement peptidique, les cellules cibles sont préincubées pendant 30 min avec le peptide antigénique (100 nM) à 37°C. Des expériences de cytotoxicité ont également été réalisées après stimulation pendant 3 jours de la lignée IGR-Heu avec de l'IFN-γ (500 UI/mL).

Evaluation de la sécrétion de cytokines

Les cellules prétraitées ou non avec un siRNA ciblant spécifiquement TAP1 ou un siRNA contrôle sont cultivées en plaques 96 puits à 3.10^4 cellules par puits la veille de la transfection. Le lendemain, 0 à 400 ng d'ADN plasmidique (pcDNA3.1-HLA-A2, pcDNA3.1-cDNA150 ou pCEP4-cDNA150), dilués en OPTIMEM-I (Gibco, Invitrogen), sont complexés avec la Lipofectamine^{TM}2000 (Invitrogen) pendant 20 min à température ambiante. Le mélange est ensuite déposé sur les cellules adhérentes qui seront ensuite incubées à 37°C pendant 4 h. Du milieu de culture est ensuite ajouté. Après 24 h, les CTL sont rajoutés à un rapport E:C=1:10 en présence de 25 UI/ml d'IL-2 et réincubés pendant 18 h à 37°C. Les surnageants sont alors récupérés et la présence de cytokines est analysée.

Analyse de la sécrétion d'IFN-γ

La quantité d'IFN-γ présente dans les surnageants de coculture est analysée par un test ELISA (Kit eBioscience).

Analyse de la sécrétion de TNF-β par un test cellulaire

La cytotoxicité des surnageants est analysée sur des cellules Wehi sensibles au TNF préalablement traitées avec une combinaison d'actinomycine D (2 µg/mL) et de LiCl (40 mM). Les cellules Wehi sont incubées pendant 18 h à 37°C en présence des surnageants. Du MTT (Sigma) est ensuite ajouté à la culture et incubé pendant 4 h à 37°C. Les cellules sont ensuite lysées et la lecture des différents puits est réalisée aux densités optiques (DO) de 570 nm et 630 nm.

Stimulation des PBMC

Les PBMC des patients HLA-A2 atteints de CBNPC sont isolés sur un gradient de Ficoll puis sont stimulés avec 20 µM de peptide pendant 1 h à 37°C. Les peptides $ppCT_{1-15}$, $ppCT_{1-10}$, $ppCT_{3-12}$, $ppCT_{5-14}$, $ppCT_{6-15}$, $ppCT_{16-25}$, $ppCT_{46-60}$, $ppCT_{50-59}$, $ppCT_{71-85}$, $ppCT_{86-100}$, $ppCT_{87-96}$, $ppCT_{88-97}$ et $ppCT_{91-100}$ sont utilisés lors des différentes stimulations (Protéogénix). Après un lavage, $2,10^5$ PBMC sont déposés dans chaque puits de plaques 96 puits à fond rond en milieu RPMI 1640 contenant 10% de sérum humain AB, 1% de sodium pyruvate et 20 UI/mL d'IL-2, 10 ng/ml d'IL-4 et 10 ng/ml d'IL-7 (Cytheris), puis mis en culture à 37°C. Une deuxième stimulation est réalisée 7 jours plus tard avec 20 µM de peptide. Après encore 7 jours de culture, les 8 puits de chaque colonne des plaques 96 puits sont rassemblés dans un seul puits et les cellules sont restimulées avec 2,5 g/ml de peptide ou de PHA (Remel) en présence de 10 µg/ml de Brefeldin A (Sigma) pendant 6 h à 37°C. Le pourcentage de cellules T CD8 sécrétant de l'IFN-γ est ensuite mesuré par immunofluorescence intracytoplasmique.

Les lymphocytes T CD8 spécifique des différents peptides sont isolés par marquage membranaire de l'IFNγ (Miltenyi) puis sont clonés. Après 30 jours de culture dans du milieu RPMI 1640 contenant 10% de sérum humain AB, 1% de sodium pyruvate et 200 UI/mL d'IL-2 recombinante en présence de cellules tumorales ($3,10^3$/puits) et de cellules lymphoblastoïdes ($4,10^4$/puits, cellules B transformées avec le virus EBV) chargées avec les différents peptides pendant 1 h puis irradiées, les clones sont mis en coculture avec des GerlA2 chargés avec 2,5 µg/ml de peptide puis incubés

18 h à 37 °C. Les surnageants sont alors récupérés et la quantité d'IFNγ est analysée par un test ELISA.

Test de fixation des peptides

$3,10^5$ cellules T2 sont incubées pendant une nuit à 30°C dans du milieu RPMI 1640 sans sérum supplémenté avec 100 ng/ml de β2m et 0,1 à 100 µM de chaque peptide. Le peptide HIV_{pol} (IVGAETFYN) est utilisé comme contrôle positif. Le lendemain, les cellules sont lavées puis l'expression de HLA-A2 est analysée par immunofluorescence. La fixation des peptides à HLA-A2 a été calculée par la formule suivante :

$$\text{\% de fixation}_{\text{peptide}} = \frac{\text{Moyenne de fluorescence HLA.A2}_{\text{peptide}} - \text{Moyenne de fluorescence HLA.A2}_{\text{T2 sans peptide}}}{\text{Moyenne de fluorescence HLA.A2}_{\text{HIV 100µM}} - \text{Moyenne de fluorescence HLA.A2}_{\text{T2 sans peptide}}} * 100$$

Anticorps et cytométrie en flux

L'Ac anti-CD8 couplé à l'APC est fourni par BD Pharmingen. L'Ac anti-IFN-γ provient de Miltenyi. Les Ac anti-CMH-I (W6.32) et anti-HLA-A2.1 (MA2.1 et BB7.2) sont issus d'ascites générés dans le laboratoire.

L'analyse phénotypique des PBMC et des cellules tumorales est réalisée par cytométrie en flux. Les cellules sont incubées pendant 30 min à 4°C en présence de l'Ac spécifique ou du contrôle isotypique approprié. Les cellules sont ensuite lavées avec du PBS 1X (tampon salin phosphate). Dans le cas d'une immunofluorescence indirecte, les cellules sont incubées pendant 20 min avec l'Ac secondaire approprié couplé à un fluorochrome, puis lavées. Les cellules sont fixées dans du PBS 1X contenant 2% de formaldéhyde (Sigma-Aldrich). Pour les immunofluorescences intracytoplasmiques, les cellules sont ensuite perméabilisées dans du PBS 1X contenant 0,5% de BSA et 0,2% de Saponine, puis incubées en présence de l'Ac spécifique pendan 20 min. Après avoir été lavées en PBS 1X, les cellules sont de nouveau fixées dans du PBS 1X contenant 2% de formaldéhyde puis analysées avec un cytomètre FACScalibur^{TM} (Becton Dickinson). Les données recueillies sont traitées grâce au programme CellQuest (BD Biosciences).

BIBLIOGRAPHIE

REFERENCES

Abele, R., and Tampe, R. (2011). The TAP translocation machinery in adaptive immunity and viral escape mechanisms. Essays in biochemistry *50*, 249-264.

Ackerman, A.L., Kyritsis, C., Tampe, R., and Cresswell, P. (2005). Access of soluble antigens to the endoplasmic reticulum can explain cross-presentation by dendritic cells. Nature immunology *6*, 107-113.

Ahmed, R., and Gray, D. (1996). Immunological memory and protective immunity: understanding their relation. Science (New York, NY *272*, 54-60.

Amara, S.G., Jonas, V., Rosenfeld, M.G., Ong, E.S., and Evans, R.M. (1982). Alternative RNA processing in calcitonin gene expression generates mRNAs encoding different polypeptide products. Nature *298*, 240-244.

Andreola, G., Rivoltini, L., Castelli, C., Huber, V., Perego, P., Deho, P., Squarcina, P., Accornero, P., Lozupone, F., Lugini, L., *et al.* (2002). Induction of lymphocyte apoptosis by tumor cell secretion of FasL-bearing microvesicles. The Journal of experimental medicine *195*, 1303-1316.

Anikeeva, N., Somersalo, K., Sims, T.N., Thomas, V.K., Dustin, M.L., and Sykulev, Y. (2005). Distinct role of lymphocyte function-associated antigen-1 in mediating effective cytolytic activity by cytotoxic T lymphocytes. Proceedings of the National Academy of Sciences of the United States of America *102*, 6437-6442.

Arnold, D., Driscoll, J., Androlewicz, M., Hughes, E., Cresswell, P., and Spies, T. (1992). Proteasome subunits encoded in the MHC are not generally required for the processing of peptides bound by MHC class I molecules. Nature *360*, 171-174.

Ashkenazi, A., and Dixit, V.M. (1998). Death receptors: signaling and modulation. Science (New York, NY *281*, 1305-1308.

Bachmann, M.F., Barner, M., and Kopf, M. (1999). CD2 sets quantitative thresholds in T cell activation. The Journal of experimental medicine *190*, 1383-1392.

Balaji, K.N., Schaschke, N., Machleidt, W., Catalfamo, M., and Henkart, P.A. (2002). Surface cathepsin B protects cytotoxic lymphocytes from self-destruction after degranulation. The Journal of experimental medicine *196*, 493-503.

Banchereau, J., Schuler-Thurner, B., Palucka, A.K., and Schuler, G. (2001). Dendritic cells as vectors for therapy. Cell *106*, 271-274.

Banchereau, J., and Steinman, R.M. (1998). Dendritic cells and the control of immunity. Nature *392*, 245-252.

Baran, K., Ciccone, A., Peters, C., Yagita, H., Bird, P.I., Villadangos, J.A., and Trapani, J.A. (2006). Cytotoxic T lymphocytes from cathepsin B-deficient mice survive normally in vitro and in vivo after encountering and killing target cells. The Journal of biological chemistry *281*, 30485-30491.

Baylin, S.B., Hoppener, J.W., de Bustros, A., Steenbergh, P.H., Lips, C.J., and Nelkin, B.D. (1986). DNA methylation patterns of the calcitonin gene in human lung cancers and lymphomas. Cancer research *46*, 2917-2922.

Beal, A.M., Anikeeva, N., Varma, R., Cameron, T.O., Vasiliver-Shamis, G., Norris, P.J., Dustin, M.L., and Sykulev, Y. (2009). Kinetics of early T cell receptor signaling regulate the pathway of lytic granule delivery to the secretory domain. Immunity *31*, 632-642.

Bjorkman, P.J., Saper, M.A., Samraoui, B., Bennett, W.S., Strominger, J.L., and Wiley, D.C. (1987). The foreign antigen binding site and T cell recognition regions of class I histocompatibility antigens. Nature *329*, 512-518.

Bladergroen, B.A., Meijer, C.J., ten Berge, R.L., Hack, C.E., Muris, J.J., Dukers, D.F., Chott, A., Kazama, Y., Oudejans, J.J., van Berkum, O., *et al.* (2002). Expression of the granzyme B inhibitor, protease inhibitor 9, by tumor cells in patients with non-Hodgkin and Hodgkin lymphoma: a novel protective mechanism for tumor cells to circumvent the immune system? Blood *99*, 232-237.

Bland, F.A., Lemberg, M.K., McMichael, A.J., Martoglio, B., and Braud, V.M. (2003). Requirement of the proteasome for the trimming of signal peptide-derived epitopes presented by the nonclassical major histocompatibility complex class I molecule HLA-E. The Journal of biological chemistry *278*, 33747-33752.

Blank, C., Gajewski, T.F., and Mackensen, A. (2005). Interaction of PD-L1 on tumor cells with PD-1 on tumor-specific T cells as a mechanism of immune evasion: implications for tumor immunotherapy. Cancer Immunol Immunother *54*, 307-314.

Blott, E.J., and Griffiths, G.M. (2002). Secretory lysosomes. Nat Rev Mol Cell Biol *3*, 122-131.

Bohn, S., Beck, F., Sakata, E., Walzthoeni, T., Beck, M., Aebersold, R., Forster, F., Baumeister, W., and Nickell, S. (2010). Structure of the 26S proteasome from Schizosaccharomyces pombe at subnanometer resolution. Proceedings of the National Academy of Sciences of the United States of America *107*, 20992-20997.

Bondy, P.K. (1981). The pattern of ectopic hormone production in lung cancer. The Yale journal of biology and medicine *54*, 181-185.

Boon, T., Coulie, P.G., and Van den Eynde, B. (1997). Tumor antigens recognized by T cells. Immunology today *18*, 267-268.

Boon, T., Szikora, J.P., De Plaen, E., Wolfel, T., and Van Pel, A. (1989). Cloning and characterization of genes coding for tum- transplantation antigens. Journal of autoimmunity *2 Suppl*, 109-114.

Bossard, N., Velten, M., Remontet, L., Belot, A., Maarouf, N., Bouvier, A.M., Guizard, A.V., Tretarre, B., Launoy, G., Colonna, M., *et al.* (2007). Survival of cancer patients in France: a population-based study from The Association of the French Cancer Registries (FRANCIM). Eur J Cancer *43*, 149-160.

Bousso, P. (2008). T-cell activation by dendritic cells in the lymph node: lessons from the movies. Nature reviews *8*, 675-684.

Bovenberg, R.A., Adema, G.J., Jansz, H.S., and Baas, P.D. (1988). Model for tissue specific Calcitonin/CGRP-I RNA processing from in vitro experiments. Nucleic acids research *16*, 7867-7883.

Braakman, E., Goedegebuure, P.S., Vreugdenhil, R.J., Segal, D.M., Shaw, S., and Bolhuis, R.L. (1990). ICAM- melanoma cells are relatively resistant to CD3-mediated T-cell lysis. International journal of cancer *46*, 475-480.

Braud, V.M., Allan, D.S., O'Callaghan, C.A., Soderstrom, K., D'Andrea, A., Ogg, G.S., Lazetic, S., Young, N.T., Bell, J.I., Phillips, J.H., *et al.* (1998). HLA-E binds to natural killer cell receptors CD94/NKG2A, B and C. Nature *391*, 795-799.

Breart, B., Lemaitre, F., Celli, S., and Bousso, P. (2008). Two-photon imaging of intratumoral CD8+ T cell cytotoxic activity during adoptive T cell therapy in mice. The Journal of clinical investigation *118*, 1390-1397.

Brichard, V., Van Pel, A., Wolfel, T., Wolfel, C., De Plaen, E., Lethe, B., Coulie, P., and Boon, T. (1993). The tyrosinase gene codes for an antigen recognized by autologous cytolytic T lymphocytes on HLA-A2 melanomas. The Journal of experimental medicine *178*, 489-495.

Brichard, V.G., and Lejeune, D. (2007). GSK's antigen-specific cancer immunotherapy programme: pilot results leading to Phase III clinical development. Vaccine *25 Suppl 2*, B61-71.

Brossart, P., Heinrich, K.S., Stuhler, G., Behnke, L., Reichardt, V.L., Stevanovic, S., Muhm, A., Rammensee, H.G., Kanz, L., and Brugger, W. (1999). Identification of HLA-A2-restricted T-cell epitopes derived from the MUC1 tumor antigen for broadly applicable vaccine therapies. Blood *93*, 4309-4317.

Brown, C.E., Vishwanath, R.P., Aguilar, B., Starr, R., Najbauer, J., Aboody, K.S., and Jensen, M.C. (2007). Tumor-derived chemokine MCP-1/CCL2 is sufficient for mediating tumor tropism of adoptively transferred T cells. J Immunol *179*, 3332-3341.

Buhrer, C., Berlin, C., Jablonski-Westrich, D., Holzmann, B., Thiele, H.G., and Hamann, A. (1992). Lymphocyte activation and regulation of three adhesion molecules with supposed function in homing: LECAM-1 (MEL-14 antigen), LPAM-1/2 (alpha 4-integrin) and CD44 (Pgp-1). Scandinavian journal of immunology *35*, 107-120.

Burgdorf, S., Kautz, A., Bohnert, V., Knolle, P.A., and Kurts, C. (2007). Distinct pathways of antigen uptake and intracellular routing in CD4 and CD8 T cell activation. Science (New York, NY *316*, 612-616.

Burgdorf, S., Scholz, C., Kautz, A., Tampe, R., and Kurts, C. (2008). Spatial and mechanistic separation of cross-presentation and endogenous antigen presentation. Nature immunology *9*, 558-566.

Burnet, F.M. (1970). The concept of immunological surveillance. Progress in experimental tumor research *13*, 1-27.

Burnet, M. (1957). Cancer: a biological approach. III. Viruses associated with neoplastic conditions. IV. Practical applications. British medical journal *1*, 841-847.

Cabrera, T., Lara, E., Romero, J.M., Maleno, I., Real, L.M., Ruiz-Cabello, F., Valero, P., Camacho, F.M., and Garrido, F. (2007). HLA class I expression in metastatic melanoma correlates with tumor development during autologous vaccination. Cancer Immunol Immunother *56*, 709-717.

Campbell, D.J., Serwold, T., and Shastri, N. (2000). Bacterial proteins can be processed by macrophages in a transporter associated with antigen processing-independent, cysteine protease-dependent manner for presentation by MHC class I molecules. J Immunol *164*, 168-175.

Campoli, M., and Ferrone, S. (2008). HLA antigen changes in malignant cells: epigenetic mechanisms and biologic significance. Oncogene *27*, 5869-5885.

Cao, X., Cai, S.F., Fehniger, T.A., Song, J., Collins, L.I., Piwnica-Worms, D.R., and Ley, T.J. (2007). Granzyme B and perforin are important for regulatory T cell-mediated suppression of tumor clearance. Immunity *27*, 635-646.

Cascio, P., Hilton, C., Kisselev, A.F., Rock, K.L., and Goldberg, A.L. (2001). 26S proteasomes and immunoproteasomes produce mainly N-extended versions of an antigenic peptide. The EMBO journal *20*, 2357-2366.

Celis, E., Tsai, V., Crimi, C., DeMars, R., Wentworth, P.A., Chesnut, R.W., Grey, H.M., Sette, A., and Serra, H.M. (1994). Induction of anti-tumor cytotoxic T lymphocytes in normal humans using primary cultures and synthetic peptide epitopes. Proceedings of the National Academy of Sciences of the United States of America *91*, 2105-2109.

Champagne, P., Ogg, G.S., King, A.S., Knabenhans, C., Ellefsen, K., Nobile, M., Appay, V., Rizzardi, G.P., Fleury, S., Lipp, M., *et al.* (2001). Skewed maturation of memory HIV-specific CD8 T lymphocytes. Nature *410*, 106-111.

Chang, C.C., Campoli, M., and Ferrone, S. (2005a). Classical and nonclassical HLA class I antigen and NK Cell-activating ligand changes in malignant cells: current challenges and future directions. Advances in cancer research *93*, 189-234.

Chang, C.C., and Ferrone, S. (2003). HLA-G in melanoma: can the current controversies be solved? Seminars in cancer biology *13*, 361-369.

Chang, L.Y., Lin, Y.C., Mahalingam, J., Huang, C.T., Chen, T.W., Kang, C.W., Peng, H.M., Chu, Y.Y., Chiang, J.M., Dutta, A., *et al.* (2012). Tumor-Derived Chemokine CCL5 Enhances TGF-beta-Mediated Killing of CD8+ T Cells in Colon Cancer by T-Regulatory Cells. Cancer research *72*, 1092-1102.

Chang, S.C., Momburg, F., Bhutani, N., and Goldberg, A.L. (2005b). The ER aminopeptidase, ERAP1, trims precursors to lengths of MHC class I peptides by a "molecular ruler" mechanism. Proceedings of the National Academy of Sciences of the United States of America *102*, 17107-17112.

Chaux, P., Luiten, R., Demotte, N., Vantomme, V., Stroobant, V., Traversari, C., Russo, V., Schultz, E., Cornelis, G.R., Boon, T., *et al.* (1999). Identification of five MAGE-A1 epitopes recognized by cytolytic T lymphocytes obtained by in vitro stimulation with dendritic cells transduced with MAGE-A1. J Immunol *163*, 2928-2936.

Chen, C., Qu, Q.X., Shen, Y., Mu, C.Y., Zhu, Y.B., Zhang, X.G., and Huang, J.A. (2012). Induced expression of B7-H4 on the surface of lung cancer cell by the tumor-associated macrophages: a potential mechanism of immune escape. Cancer letters *317*, 99-105.

Chen, K., Huang, J., Gong, W., Iribarren, P., Dunlop, N.M., and Wang, J.M. (2007). Toll-like receptors in inflammation, infection and cancer. International immunopharmacology *7*, 1271-1285.

Chen, M., and Bouvier, M. (2007). Analysis of interactions in a tapasin/class I complex provides a mechanism for peptide selection. The EMBO journal *26*, 1681-1690.

Chen, W., Frank, M.E., Jin, W., and Wahl, S.M. (2001). TGF-beta released by apoptotic T cells contributes to an immunosuppressive milieu. Immunity *14*, 715-725.

Chen, Y.T., Scanlan, M.J., Sahin, U., Tureci, O., Gure, A.O., Tsang, S., Williamson, B., Stockert, E., Pfreundschuh, M., and Old, L.J. (1997). A testicular antigen aberrantly expressed in human cancers detected by autologous antibody screening. Proceedings of the National Academy of Sciences of the United States of America *94*, 1914-1918.

Chen, Z.M., O'Shaughnessy, M.J., Gramaglia, I., Panoskaltsis-Mortari, A., Murphy, W.J., Narula, S., Roncarolo, M.G., and Blazar, B.R. (2003). IL-10 and TGF-beta induce alloreactive CD4+CD25- T cells to acquire regulatory cell function. Blood *101*, 5076-5083.

Cheng, L., Jiang, J., Gao, R., Wei, S., Nan, F., Li, S., and Kong, B. (2009). B7-H4 expression promotes tumorigenesis in ovarian cancer. Int J Gynecol Cancer *19*, 1481-1486.

Chinnaiyan, A.M., and Dixit, V.M. (1997). Portrait of an executioner: the molecular mechanism of FAS/APO-1-induced apoptosis. Seminars in immunology *9*, 69-76.

Chow, K.M., and Rabie, A.B. (2000). Vascular endothelial growth pattern of endochondral bone graft in the presence of demineralized intramembranous bone matrix--quantitative analysis. Cleft Palate Craniofac J *37*, 385-394.

Chowdhury, D., and Lieberman, J. (2008). Death by a thousand cuts: granzyme pathways of programmed cell death. Annual review of immunology *26*, 389-420.

Cluff, C.W. (2009). Monophosphoryl lipid A (MPL) as an adjuvant for anti-cancer vaccines: clinical results. Advances in experimental medicine and biology *667*, 111-123.

Clynes, R.A., Towers, T.L., Presta, L.G., and Ravetch, J.V. (2000). Inhibitory Fc receptors modulate in vivo cytotoxicity against tumor targets. Nature medicine *6*, 443-446.

Cools, N., Ponsaerts, P., Van Tendeloo, V.F., and Berneman, Z.N. (2007). Balancing between immunity and tolerance: an interplay between dendritic cells, regulatory T cells, and effector T cells. Journal of leukocyte biology *82*, 1365-1374.

Coombes, R.C., Easty, G.C., Detre, S.I., Hillyard, C.J., Stevens, U., Girgis, S.I., Galante, L.S., Heywood, L., Macintyre, I., and Neville, A.M. (1975). Secretion of immunoreactive calcitonin by human breast carcinomas. British medical journal *4*, 197-199.

Copier, J., and Dalgleish, A. (2006). Overview of tumor cell-based vaccines. International reviews of immunology *25*, 297-319.

Copp, D.H., Cameron, E.C., Cheney, B.A., Davidson, A.G., and Henze, K.G. (1962). Evidence for calcitonin--a new hormone from the parathyroid that lowers blood calcium. Endocrinology *70*, 638-649.

Coulie, P.G., Brichard, V., Van Pel, A., Wolfel, T., Schneider, J., Traversari, C., Mattei, S., De Plaen, E., Lurquin, C., Szikora, J.P., *et al.* (1994). A new gene coding for a differentiation antigen recognized by autologous cytolytic T lymphocytes on HLA-A2 melanomas. The Journal of experimental medicine *180*, 35-42.

Cox, A.L., Skipper, J., Chen, Y., Henderson, R.A., Darrow, T.L., Shabanowitz, J., Engelhard, V.H., Hunt, D.F., and Slingluff, C.L., Jr. (1994). Identification of a peptide recognized by five melanoma-specific human cytotoxic T cell lines. Science (New York, NY *264*, 716-719.

Darrasse-Jeze, G., Bergot, A.S., Durgeau, A., Billiard, F., Salomon, B.L., Cohen, J.L., Bellier, B., Podsypanina, K., and Klatzmann, D. (2009). Tumor emergence is sensed by self-specific CD44hi memory Tregs that create a dominant tolerogenic environment for tumors in mice. The Journal of clinical investigation *119*, 2648-2662.

Davidson, B., Elstrand, M.B., McMaster, M.T., Berner, A., Kurman, R.J., Risberg, B., Trope, C.G., and Shih Ie, M. (2005). HLA-G expression in effusions is a possible marker of tumor susceptibility to chemotherapy in ovarian carcinoma. Gynecologic oncology *96*, 42-47.

Davis, M.M., Boniface, J.J., Reich, Z., Lyons, D., Hampl, J., Arden, B., and Chien, Y. (1998). Ligand recognition by alpha beta T cell receptors. Annual review of immunology *16*, 523-544.

Davis, S.J., and van der Merwe, P.A. (1996). The structure and ligand interactions of CD2: implications for T-cell function. Immunology today *17*, 177-187.

de Vries, T.J., Fourkour, A., Wobbes, T., Verkroost, G., Ruiter, D.J., and van Muijen, G.N. (1997). Heterogeneous expression of immunotherapy candidate proteins gp100, MART-1, and tyrosinase in human melanoma cell lines and in human melanocytic lesions. Cancer research *57*, 3223-3229.

Del Val, M., Iborra, S., Ramos, M., and Lazaro, S. (2011). Generation of MHC class I ligands in the secretory and vesicular pathways. Cell Mol Life Sci *68*, 1543-1552.

Demartino, G.N. (2012). Reconstitution of PA700, the 19S regulatory particle, from purified precursor complexes. Methods in molecular biology (Clifton, NJ *832*, 443-452.

Di Pucchio, T., Chatterjee, B., Smed-Sorensen, A., Clayton, S., Palazzo, A., Montes, M., Xue, Y., Mellman, I., Banchereau, J., and Connolly, J.E. (2008). Direct proteasome-independent cross-presentation of viral antigen by plasmacytoid dendritic cells on major histocompatibility complex class I. Nature immunology *9*, 551-557.

di Sant'Agnese, P.A., and de Mesy Jensen, K.L. (1987). Neuroendocrine differentiation in prostatic carcinoma. Human pathology *18*, 849-856.

Dick, T.P., and Cresswell, P. (2002). Thiol oxidation and reduction in major histocompatibility complex class I-restricted antigen processing and presentation. Methods in enzymology *348*, 49-54.

Dillman, R.O. (2011). Cancer immunotherapy. Cancer biotherapy & radiopharmaceuticals *26*, 1-64.

Dissemond, J., Busch, M., Kothen, T., Mors, J., Weimann, T.K., Lindeke, A., Goos, M., and Wagner, S.N. (2004). Differential downregulation of endoplasmic reticulum-residing chaperones calnexin and calreticulin in human metastatic melanoma. Cancer letters *203*, 225-231.

Dong, H., and Chen, L. (2003). B7-H1 pathway and its role in the evasion of tumor immunity. Journal of molecular medicine (Berlin, Germany) *81*, 281-287.

Dreicer, R., Stadler, W.M., Ahmann, F.R., Whiteside, T., Bizouarne, N., Acres, B., Limacher, J.M., Squiban, P., and Pantuck, A. (2009). MVA-MUC1-IL2 vaccine immunotherapy (TG4010) improves PSA doubling time in patients with prostate cancer with biochemical failure. Investigational new drugs *27*, 379-386.

Driscoll, J., Brown, M.G., Finley, D., and Monaco, J.J. (1993). MHC-linked LMP gene products specifically alter peptidase activities of the proteasome. Nature *365*, 262-264.

Duan, F., and Srivastava, P.K. (2012). An invariant road to cross-presentation. Nature immunology *13*, 207-208.

Dunn, G.P., Bruce, A.T., Ikeda, H., Old, L.J., and Schreiber, R.D. (2002). Cancer immunoediting: from immunosurveillance to tumor escape. Nature immunology *3*, 991-998.

Echchakir, H., Mami-Chouaib, F., Vergnon, I., Baurain, J.F., Karanikas, V., Chouaib, S., and Coulie, P.G. (2001). A point mutation in the alpha-actinin-4 gene generates an antigenic peptide recognized by autologous cytolytic T lymphocytes on a human lung carcinoma. Cancer research *61*, 4078-4083.

Echchakir, H., Vergnon, I., Dorothee, G., Grunenwald, D., Chouaib, S., and Mami-Chouaib, F. (2000). Evidence for in situ expansion of diverse antitumor-specific cytotoxic T lymphocyte clones in a human large cell carcinoma of the lung. Int Immunol *12*, 537-546.

El Hage, F., Abouzahr-Rifai, S., Meslin, F., Mami-Chouaib, F., and Chouaib, S. (2008a). [Immune response and cancer]. Bulletin du cancer *95*, 57-67.

El Hage, F., Stroobant, V., Vergnon, I., Baurain, J.F., Echchakir, H., Lazar, V., Chouaib, S., Coulie, P.G., and Mami-Chouaib, F. (2008b). Preprocalcitonin signal peptide generates a cytotoxic T lymphocyte-defined tumor epitope processed by a proteasome-independent pathway. Proceedings of the National Academy of Sciences of the United States of America *105*, 10119-10124.

Elgert, K.D., Alleva, D.G., and Mullins, D.W. (1998). Tumor-induced immune dysfunction: the macrophage connection. Journal of leukocyte biology *64*, 275-290.

Ellgaard, L., and Ruddock, L.W. (2005). The human protein disulphide isomerase family: substrate interactions and functional properties. EMBO reports *6*, 28-32.

Emens, L.A. (2006). Cancer vaccines: toward the next revolution in cancer therapy. International reviews of immunology *25*, 259-268.

Endert, P. (2008). Role of tripeptidyl peptidase II in MHC class I antigen processing - the end of controversies? European journal of immunology *38*, 609-613.

Esteller, M. (2006). Epigenetics provides a new generation of oncogenes and tumour-suppressor genes. British journal of cancer *94*, 179-183.

Fallarino, F., Grohmann, U., Hwang, K.W., Orabona, C., Vacca, C., Bianchi, R., Belladonna, M.L., Fioretti, M.C., Alegre, M.L., and Puccetti, P. (2003). Modulation of tryptophan catabolism by regulatory T cells. Nature immunology *4*, 1206-1212.

Feltquate, D.M. (1998). DNA vaccines: vector design, delivery, and antigen presentation. Journal of cellular biochemistry *30-31*, 304-311.

Ferrone, S., and Marincola, F.M. (1995). Loss of HLA class I antigens by melanoma cells: molecular mechanisms, functional significance and clinical relevance. Immunology today *16*, 487-494.

Filipp, D., Zhang, J., Leung, B.L., Shaw, A., Levin, S.D., Veillette, A., and Julius, M. (2003). Regulation of Fyn through translocation of activated Lck into lipid rafts. The Journal of experimental medicine *197*, 1221-1227.

Firat, E., Huai, J., Saveanu, L., Gaedicke, S., Aichele, P., Eichmann, K., van Endert, P., and Niedermann, G. (2007a). Analysis of direct and cross-presentation of antigens in TPPII knockout mice. J Immunol *179*, 8137-8145.

Firat, E., Saveanu, L., Aichele, P., Staeheli, P., Huai, J., Gaedicke, S., Nil, A., Besin, G., Kanzler, B., van Endert, P., *et al.* (2007b). The role of endoplasmic reticulum-associated aminopeptidase 1 in immunity to infection and in cross-presentation. J Immunol *178*, 2241-2248.

Foa, R., Oscier, D.G., Hillyard, C.J., Incarbone, E., McIntyre, I., and Goldman, J.M. (1982). Production of immunoreactive calcitonin by myeloid leukaemia cells. British journal of haematology *50*, 215-223.

Forster, A., Masters, E.I., Whitby, F.G., Robinson, H., and Hill, C.P. (2005). The 1.9 A structure of a proteasome-11S activator complex and implications for proteasome-PAN/PA700 interactions. Molecular cell *18*, 589-599.

Forster, F., Lasker, K., Nickell, S., Sali, A., and Baumeister, W. (2010). Toward an integrated structural model of the 26S proteasome. Mol Cell Proteomics *9*, 1666-1677.

Fraser, S.A., Karimi, R., Michalak, M., and Hudig, D. (2000). Perforin lytic activity is controlled by calreticulin. J Immunol *164*, 4150-4155.

Frickel, E.M., Riek, R., Jelesarov, I., Helenius, A., Wuthrich, K., and Ellgaard, L. (2002). TROSY-NMR reveals interaction between ERp57 and the tip of the calreticulin P-domain. Proceedings of the National Academy of Sciences of the United States of America *99*, 1954-1959.

Fujiyama, S., Sagara, K., and Sato, T. (1986). Serum calcitonin levels in hepatocellular carcinoma and other liver diseases. Hormone and metabolic research = Hormon- und Stoffwechselforschung = Hormones et metabolisme *18*, 421-422.

Fulda, S., and Debatin, K.M. (2004). Signaling through death receptors in cancer therapy. Current opinion in pharmacology *4*, 327-332.

Gabrilovich, D.I., and Nagaraj, S. (2009). Myeloid-derived suppressor cells as regulators of the immune system. Nature reviews *9*, 162-174.

Gaczynska, M., Rock, K.L., and Goldberg, A.L. (1993). Gamma-interferon and expression of MHC genes regulate peptide hydrolysis by proteasomes. Nature *365*, 264-267.

Gagnon, E., Duclos, S., Rondeau, C., Chevet, E., Cameron, P.H., Steele-Mortimer, O., Paiement, J., Bergeron, J.J., and Desjardins, M. (2002). Endoplasmic reticulum-mediated phagocytosis is a mechanism of entry into macrophages. Cell *110*, 119-131.

Galmiche, J.P., Chayvialle, J.A., Dubois, P.M., David, L., Descos, F., Paulin, C., Ducastelle, T., Colin, R., and Geffroy, Y. (1980). Calcitonin-producing pancreatic somatostatinoma. Gastroenterology *78*, 1577-1583.

Garbi, N., Tiwari, N., Momburg, F., and Hammerling, G.J. (2003). A major role for tapasin as a stabilizer of the TAP peptide transporter and consequences for MHC class I expression. European journal of immunology *33*, 264-273.

Garrido, F., and Algarra, I. (2001). MHC antigens and tumor escape from immune surveillance. Advances in cancer research *83*, 117-158.

Garrido, F., Cabrera, T., Concha, A., Glew, S., Ruiz-Cabello, F., and Stern, P.L. (1993). Natural history of HLA expression during tumour development. Immunology today *14*, 491-499.

Garrido, F., Ruiz-Cabello, F., Cabrera, T., Perez-Villar, J.J., Lopez-Botet, M., Duggan-Keen, M., and Stern, P.L. (1997). Implications for immunosurveillance of altered HLA class I phenotypes in human tumours. Immunology today *18*, 89-95.

Gati, A., Guerra, N., Gaudin, C., Da Rocha, S., Escudier, B., Lecluse, Y., Bettaieb, A., Chouaib, S., and Caignard, A. (2003). CD158 receptor controls cytotoxic T-lymphocyte susceptibility to tumor-mediated activation-induced cell death by interfering with Fas signaling. Cancer research *63*, 7475-7482.

Gauen, L.K., Zhu, Y., Letourneur, F., Hu, Q., Bolen, J.B., Matis, L.A., Klausner, R.D., and Shaw, A.S. (1994). Interactions of p59fyn and ZAP-70 with T-cell receptor activation motifs: defining the nature of a signalling motif. Molecular and cellular biology *14*, 3729-3741.

Gedde-Dahl, T., 3rd, Eriksen, J.A., Thorsby, E., and Gaudernack, G. (1992). T-cell responses against products of oncogenes: generation and characterization of human T-cell clones specific for p21 ras-derived synthetic peptides. Human immunology *33*, 266-274.

Geijtenbeek, T.B., van Vliet, S.J., Engering, A., t Hart, B.A., and van Kooyk, Y. (2004). Self- and nonself-recognition by C-type lectins on dendritic cells. Annual review of immunology *22*, 33-54.

Geserick, P., Drewniok, C., Hupe, M., Haas, T.L., Diessenbacher, P., Sprick, M.R., Schon, M.P., Henkler, F., Gollnick, H., Walczak, H., *et al.* (2008). Suppression of cFLIP is sufficient to sensitize human melanoma cells to TRAIL- and CD95L-mediated apoptosis. Oncogene *27*, 3211-3220.

Gil-Torregrosa, B.C., Castano, A.R., Lopez, D., and Del Val, M. (2000). Generation of MHC class I peptide antigens by protein processing in the secretory route by furin. Traffic (Copenhagen, Denmark) *1*, 641-651.

Giodini, A., Rahner, C., and Cresswell, P. (2009). Receptor-mediated phagocytosis elicits cross-presentation in nonprofessional antigen-presenting cells. Proceedings of the National Academy of Sciences of the United States of America *106*, 3324-3329.

Gjertsen, M.K., Bjorheim, J., Saeterdal, I., Myklebust, J., and Gaudernack, G. (1997). Cytotoxic CD4+ and CD8+ T lymphocytes, generated by mutant p21-ras (12Val) peptide vaccination of a patient, recognize 12Val-dependent nested epitopes present within the vaccine peptide and kill autologous tumour cells carrying this mutation. International journal of cancer *72*, 784-790.

Gjertsen, M.K., Buanes, T., Rosseland, A.R., Bakka, A., Gladhaug, I., Soreide, O., Eriksen, J.A., Moller, M., Baksaas, I., Lothe, R.A., *et al.* (2001). Intradermal ras peptide vaccination with granulocyte-macrophage colony-stimulating factor as adjuvant: Clinical and immunological responses in patients with pancreatic adenocarcinoma. International journal of cancer *92*, 441-450.

Golde, T.E., Wolfe, M.S., and Greenbaum, D.C. (2009). Signal peptide peptidases: a family of intramembrane-cleaving proteases that cleave type 2 transmembrane proteins. Seminars in cell & developmental biology *20*, 225-230.

Gondek, D.C., Lu, L.F., Quezada, S.A., Sakaguchi, S., and Noelle, R.J. (2005). Cutting edge: contact-mediated suppression by CD4+CD25+ regulatory cells involves a granzyme B-dependent, perforin-independent mechanism. J Immunol *174*, 1783-1786.

Gopcsa, L., Banyai, A., Jakab, K., Kormos, L., Tamaska, J., Matolcsy, A., Gogolak, P., Rajnavolgyi, E., and Paloczi, K. (2005). Extensive flow cytometric characterization of plasmacytoid dendritic cell leukemia cells. European journal of haematology *75*, 346-351.

Gorski, D.H., Leal, A.D., and Goydos, J.S. (2003). Differential expression of vascular endothelial growth factor-A isoforms at different stages of melanoma progression. Journal of the American College of Surgeons *197*, 408-418.

Grauling-Halama, S., Bahr, U., Schenk, S., and Geginat, G. (2009). Role of tripeptidyl peptidase II in the processing of Listeria monocytogenes-derived MHC class I-presented antigenic peptides. Microbes and infection / Institut Pasteur *11*, 795-802.

Green, J.M., Karpitskiy, V., Kimzey, S.L., and Shaw, A.S. (2000). Coordinate regulation of T cell activation by CD2 and CD28. J Immunol *164*, 3591-3595.

Greenwald, R.J., Freeman, G.J., and Sharpe, A.H. (2005). The B7 family revisited. Annual review of immunology *23*, 515-548.

Grell, M., Wajant, H., Zimmermann, G., and Scheurich, P. (1998). The type 1 receptor (CD120a) is the high-affinity receptor for soluble tumor necrosis factor. Proceedings of the National Academy of Sciences of the United States of America *95*, 570-575.

Gridelli, C., Rossi, A., Maione, P., Ferrara, M.L., Castaldo, V., and Sacco, P.C. (2009). Vaccines for the treatment of non-small cell lung cancer: a renewed anticancer strategy. The oncologist *14*, 909-920.

Groettrup, M., Kirk, C.J., and Basler, M. (2010). Proteasomes in immune cells: more than peptide producers? Nature reviews *10*, 73-78.

Groll, M., Ditzel, L., Lowe, J., Stock, D., Bochtler, M., Bartunik, H.D., and Huber, R. (1997). Structure of 20S proteasome from yeast at 2.4 A resolution. Nature *386*, 463-471.

Guddo, F., Giatromanolaki, A., Koukourakis, M.I., Reina, C., Vignola, A.M., Chlouverakis, G., Hilkens, J., Gatter, K.C., Harris, A.L., and Bonsignore, G. (1998). MUC1 (episialin) expression in non-small cell lung cancer is independent of EGFR and c-erbB-2 expression and correlates with poor survival in node positive patients. Journal of clinical pathology *51*, 667-671.

Guermonprez, P., Saveanu, L., Kleijmeer, M., Davoust, J., Van Endert, P., and Amigorena, S. (2003). ER-phagosome fusion defines an MHC class I cross-presentation compartment in dendritic cells. Nature *425*, 397-402.

Guil, S., Rodriguez-Castro, M., Aguilar, F., Villasevil, E.M., Anton, L.C., and Del Val, M. (2006). Need for tripeptidyl-peptidase II in major histocompatibility complex class I viral antigen processing when proteasomes are detrimental. The Journal of biological chemistry *281*, 39925-39934.

Gure, A.O., Tureci, O., Sahin, U., Tsang, S., Scanlan, M.J., Jager, E., Knuth, A., Pfreundschuh, M., Old, L.J., and Chen, Y.T. (1997). SSX: a multigene family with several members transcribed in normal testis and human cancer. International journal of cancer *72*, 965-971.

Gure, A.O., Wei, I.J., Old, L.J., and Chen, Y.T. (2002). The SSX gene family: characterization of 9 complete genes. International journal of cancer *101*, 448-453.

Hallermalm, K., Seki, K., De Geer, A., Motyka, B., Bleackley, R.C., Jager, M.J., Froelich, C.J., Kiessling, R., Levitsky, V., and Levitskaya, J. (2008). Modulation of the tumor cell phenotype by IFN-gamma results in resistance of uveal melanoma cells to granule-mediated lysis by cytotoxic lymphocytes. J Immunol *180*, 3766-3774.

Hamai, A., Meslin, F., Benlalam, H., Jalil, A., Mehrpour, M., Faure, F., Lecluse, Y., Vielh, P., Avril, M.F., Robert, C., *et al.* (2008). ICAM-1 has a critical role in the regulation of metastatic melanoma tumor susceptibility to CTL lysis by interfering with PI3K/AKT pathway. Cancer research *68*, 9854-9864.

Hao, C., Beguinot, F., Condorelli, G., Trencia, A., Van Meir, E.G., Yong, V.W., Parney, I.F., Roa, W.H., and Petruk, K.C. (2001). Induction and intracellular regulation of tumor necrosis factor-related apoptosis-inducing ligand (TRAIL) mediated apotosis in human malignant glioma cells. Cancer research *61*, 1162-1170.

Harris, M. (2004). Monoclonal antibodies as therapeutic agents for cancer. The lancet oncology *5*, 292-302.

Hatada, M.H., Lu, X., Laird, E.R., Green, J., Morgenstern, J.P., Lou, M., Marr, C.S., Phillips, T.B., Ram, M.K., Theriault, K., *et al.* (1995). Molecular basis for interaction of the protein tyrosine kinase ZAP-70 with the T-cell receptor. Nature *377*, 32-38.

Heijne, G. (1986). The distribution of positively charged residues in bacterial inner membrane proteins correlates with the trans-membrane topology. The EMBO journal *5*, 3021-3027.

Henderson, R.A., Michel, H., Sakaguchi, K., Shabanowitz, J., Appella, E., Hunt, D.F., and Engelhard, V.H. (1992). HLA-A2.1-associated peptides from a mutant cell line: a second pathway of antigen presentation. Science (New York, NY *255*, 1264-1266.

Hendil, K.B., Khan, S., and Tanaka, K. (1998). Simultaneous binding of PA28 and PA700 activators to 20 S proteasomes. The Biochemical journal *332 (Pt 3)*, 749-754.

Hersey, P., Zhuang, L., and Zhang, X.D. (2006). Current strategies in overcoming resistance of cancer cells to apoptosis melanoma as a model. International review of cytology *251*, 131-158.

Hill, D.M., Kasliwal, T., Schwarz, E., Hebert, A.M., Chen, T., Gubina, E., Zhang, L., and Kozlowski, S. (2003). A dominant negative mutant beta 2-microglobulin blocks the extracellular folding of a major histocompatibility complex class I heavy chain. The Journal of biological chemistry *278*, 5630-5638.

Hogan, K.T., Eisinger, D.P., Cupp, S.B., 3rd, Lekstrom, K.J., Deacon, D.D., Shabanowitz, J., Hunt, D.F., Engelhard, V.H., Slingluff, C.L., Jr., and Ross, M.M. (1998). The peptide recognized by HLA-A68.2-restricted, squamous cell carcinoma of the lung-specific cytotoxic T lymphocytes is derived from a mutated elongation factor 2 gene. Cancer research *58*, 5144-5150.

Hollenstein, K., Dawson, R.J., and Locher, K.P. (2007a). Structure and mechanism of ABC transporter proteins. Current opinion in structural biology *17*, 412-418.

Hollenstein, K., Frei, D.C., and Locher, K.P. (2007b). Structure of an ABC transporter in complex with its binding protein. Nature *446*, 213-216.

Homey, B., Muller, A., and Zlotnik, A. (2002). Chemokines: agents for the immunotherapy of cancer? Nature reviews *2*, 175-184.

Horejsi, V., Zhang, W., and Schraven, B. (2004). Transmembrane adaptor proteins: organizers of immunoreceptor signalling. Nature reviews *4*, 603-616.

Huang, B., Pan, P.Y., Li, Q., Sato, A.I., Levy, D.E., Bromberg, J., Divino, C.M., and Chen, S.H. (2006). Gr-1+CD115+ immature myeloid suppressor cells mediate the development of tumor-induced T regulatory cells and T-cell anergy in tumor-bearing host. Cancer research *66*, 1123-1131.

Igney, F.H., and Krammer, P.H. (2005). Tumor counterattack: fact or fiction? Cancer Immunol Immunother *54*, 1127-1136.

Imbernon, E., Marchand, J.L., Garras, L., and Goldberg, M. (2005). [Quantitative assessment of the risk of lung cancer and pleural mesothelioma among automobile mechanics]. Revue d'epidemiologie et de sante publique *53*, 491-500.

Ito, T., Wang, Y.H., and Liu, Y.J. (2005). Plasmacytoid dendritic cell precursors/type I interferon-producing cells sense viral infection by Toll-like receptor (TLR) 7 and TLR9. Springer seminars in immunopathology *26*, 221-229.

Jaaskelainen, J., Maenpaa, A., Patarroyo, M., Gahmberg, C.G., Somersalo, K., Tarkkanen, J., Kallio, M., and Timonen, T. (1992). Migration of recombinant IL-2-activated T and natural killer cells in the intercellular space of human H-2 glioma spheroids in vitro. A study on adhesion molecules involved. J Immunol *149*, 260-268.

Jamrozik, K. (2006). The epidemiology of colonialism. Lancet *368*, 4-6.

Janeway, C.A., Chervonsky, A.V., and Sant'Angelo, D. (1997). T-cell receptors: is the repertoire inherently MHC-specific? Curr Biol *7*, R299-300.

Jarrossay, D., Napolitani, G., Colonna, M., Sallusto, F., and Lanzavecchia, A. (2001). Specialization and complementarity in microbial molecule recognition by human myeloid and plasmacytoid dendritic cells. European journal of immunology *31*, 3388-3393.

Ji, M., Guan, H., Gao, C., Shi, B., and Hou, P. (2011). Highly frequent promoter methylation and PIK3CA amplification in non-small cell lung cancer (NSCLC). BMC cancer *11*, 147.

Jin, Z., McDonald, E.R., 3rd, Dicker, D.T., and El-Deiry, W.S. (2004). Deficient tumor necrosis factor-related apoptosis-inducing ligand (TRAIL) death receptor transport to the cell surface in human colon cancer cells selected for resistance to TRAIL-induced apoptosis. The Journal of **biological chemistry *279*, 35829-35839.**

Johnstone, C., and Del Val, M. (2007). Traffic of proteins and peptides across membranes for immunosurveillance by CD8(+) T lymphocytes: a topological challenge. Traffic (Copenhagen, Denmark) *8*, 1486-1494.

Joza, N., Susin, S.A., Daugas, E., Stanford, W.L., Cho, S.K., Li, C.Y., Sasaki, T., Elia, A.J., Cheng, H.Y., Ravagnan, L., *et al.* (2001). Essential role of the mitochondrial apoptosis-inducing factor in programmed cell death. Nature *410*, 549-554.

June, C.H., Bluestone, J.A., Nadler, L.M., and Thompson, C.B. (1994a). The B7 and CD28 receptor families. Immunology today *15*, 321-331.

June, C.H., Vandenberghe, P., and Thompson, C.B. (1994b). The CD28 and CTLA-4 receptor family. Chemical immunology *59*, 62-90.

Jung, S., and Schluesener, H.J. (1991). Human T lymphocytes recognize a peptide of single point-mutated, oncogenic ras proteins. The Journal of experimental medicine *173*, 273-276.

Kaech, S.M., Wherry, E.J., and Ahmed, R. (2002). Effector and memory T-cell differentiation: implications for vaccine development. Nature reviews *2*, 251-262.

Kamphausen, E., Kellert, C., Abbas, T., Akkad, N., Tenzer, S., Pawelec, G., Schild, H., van Endert, P., and Seliger, B. (2010). Distinct molecular mechanisms leading to deficient expression of ER-resident aminopeptidases in melanoma. Cancer Immunol Immunother *59*, 1273-1284.

Karanikas, V., Colau, D., Baurain, J.F., Chiari, R., Thonnard, J., Gutierrez-Roelens, I., Goffinet, C., Van Schaftingen, E.V., Weynants, P., Boon, T., ***et al.*** (2001). High frequency of cytolytic T lymphocytes directed against a tumor-specific mutated antigen detectable with HLA tetramers in the blood of a lung carcinoma patient with long survival. Cancer research *61*, 3718-3724.

Kawakami, Y., Eliyahu, S., Jennings, C., Sakaguchi, K., Kang, X., Southwood, S., Robbins, P.F., Sette, A., Appella, E., and Rosenberg, S.A. (1995). Recognition of multiple epitopes in the human melanoma antigen gp100 by tumor-infiltrating T lymphocytes associated with in vivo tumor regression. J Immunol *154*, 3961-3968.

Kelly, A., Powis, S.H., Kerr, L.A., Mockridge, I., Elliott, T., Bastin, J., Uchanska-Ziegler, B., Ziegler, A., Trowsdale, J., and Townsend, A. (1992). Assembly and function of the two ABC transporter proteins encoded in the human major histocompatibility complex. Nature *355*, 641-644.

Kenter, G.G., Welters, M.J., Valentijn, A.R., Lowik, M.J., Berends-van der Meer, D.M., Vloon, A.P., Essahsah, F., Fathers, L.M., Offringa, R., Drijfhout, J.W., ***et al.*** (2009). Vaccination against HPV-16 oncoproteins for vulvar intraepithelial neoplasia. The New England journal of medicine *361*, 1838-1847.

Kessler, J.H., and Melief, C.J. (2007). Identification of T-cell epitopes for cancer immunotherapy. Leukemia *21*, 1859-1874.

Khan, A.N., Gregorie, C.J., and Tomasi, T.B. (2008). Histone deacetylase inhibitors induce TAP, LMP, Tapasin genes and MHC class I antigen presentation by melanoma cells. Cancer Immunol Immunother *57*, 647-654.

Khan, A.N., Magner, W.J., and Tomasi, T.B. (2004). An epigenetically altered tumor cell vaccine. Cancer Immunol Immunother *53*, 748-754.

Khanna, R., Burrows, S.R., Nicholls, J., and Poulsen, L.M. (1998). Identification of cytotoxic T cell epitopes within Epstein-Barr virus (EBV) oncogene latent membrane protein 1 (LMP1): evidence for HLA A2 supertype-restricted immune recognition of EBV-infected cells by LMP1-specific cytotoxic T lymphocytes. European journal of immunology *28*, 451-458.

Khong, H.T., and Restifo, N.P. (2002). Natural selection of tumor variants in the generation of "tumor escape" phenotypes. Nature immunology *3*, 999-1005.

Kiessling, R., Wasserman, K., Horiguchi, S., Kono, K., Sjoberg, J., Pisa, P., and Petersson, M. (1999). Tumor-induced immune dysfunction. Cancer Immunol Immunother *48*, 353-362.

Kisselev, A.F., Garcia-Calvo, M., Overkleeft, H.S., Peterson, E., Pennington, M.W., Ploegh, H.L., Thornberry, N.A., and Goldberg, A.L. (2003). The caspase-like sites of proteasomes, their substrate specificity, new inhibitors and substrates, and allosteric interactions with the trypsin-like sites. The Journal of biological chemistry *278*, 35869-35877.

Klebanoff, C.A., Gattinoni, L., and Restifo, N.P. (2006). CD8+ T-cell memory in tumor immunology and immunotherapy. Immunological reviews *211*, 214-224.

Klein, G. (1966). Tumor antigens. Annual review of microbiology *20*, 223-252.

Kloetzel, P.M., and Ossendorp, F. (2004). Proteasome and peptidase function in MHC-class-I-mediated antigen presentation. Current opinion in immunology *16*, 76-81.

Koch, J., Guntrum, R., Heintke, S., Kyritsis, C., and Tampe, R. (2004). Functional dissection of the transmembrane domains of the transporter associated with antigen processing (TAP). The Journal of biological chemistry *279*, 10142-10147.

Koch, J., Guntrum, R., and Tampe, R. (2006). The first N-terminal transmembrane helix of each subunit of the antigenic peptide transporter TAP is essential for independent tapasin binding. FEBS letters *580*, 4091-4096.

Kochenderfer, J.N., and Gress, R.E. (2007). A comparison and critical analysis of preclinical anticancer vaccination strategies. Experimental biology and medicine (Maywood, NJ *232*, 1130-1141.

Konishi, J., Yamazaki, K., Azuma, M., Kinoshita, I., Dosaka-Akita, H., and Nishimura, M. (2004). B7-H1 expression on non-small cell lung cancer cells and its relationship with tumor-infiltrating lymphocytes and their PD-1 expression. Clin Cancer Res *10*, 5094-5100.

Korkolopoulou, P., Kaklamanis, L., Pezzella, F., Harris, A.L., and Gatter, K.C. (1996). Loss of antigen-presenting molecules (MHC class I and TAP-1) in lung cancer. British journal of cancer *73*, 148-153.

Kretschmer, K., Apostolou, I., Hawiger, D., Khazaie, K., Nussenzweig, M.C., and von Boehmer, H. (2005). Inducing and expanding regulatory T cell populations by foreign antigen. Nature immunology *6*, 1219-1227.

Krummel, M.F., and Allison, J.P. (1995). CD28 and CTLA-4 have opposing effects on the response of T cells to stimulation. The Journal of experimental medicine *182*, 459-465.

Kuemmel, A., Single, K., Bittinger, F., Faldum, A., Schmidt, L.H., Sebastian, M., Micke, P., Taube, C., Buhl, R., and Wiewrodt, R. (2009). TA-MUC1 epitope in non-small cell lung cancer. Lung cancer (Amsterdam, Netherlands) *63*, 98-105.

Kuhn, J.R., and Poenie, M. (2002). Dynamic polarization of the microtubule cytoskeleton during CTL-mediated killing. Immunity *16*, 111-121.

Lampen, M.H., Verweij, M.C., Querido, B., van der Burg, S.H., Wiertz, E.J., and van Hall, T. (2010). CD8+ T cell responses against TAP-inhibited cells are readily detected in the human population. J Immunol *185*, 6508-6517.

Lanzavecchia, A., and Sallusto, F. (2005). Understanding the generation and function of memory T cell subsets. Current opinion in immunology *17*, 326-332.

Larosa, D.F., and Orange, J.S. (2008). 1. Lymphocytes. The Journal of allergy and clinical immunology *121*, S364-369; quiz S412.

Le Floc'h, A., Jalil, A., Vergnon, I., Le Maux Chansac, B., Lazar, V., Bismuth, G., Chouaib, S., and Mami-Chouaib, F. (2007). Alpha E beta 7 integrin interaction with E-cadherin promotes antitumor CTL activity by triggering lytic granule polarization and exocytosis. The Journal of experimental medicine *204*, 559-570.

Le Guiner, S., Le Drean, E., Labarriere, N., Fonteneau, J.F., Viret, C., Diez, E., and Jotereau, F. (1998). LFA-3 co-stimulates cytokine secretion by cytotoxic T lymphocytes by providing a TCR-independent activation signal. European journal of immunology *28*, 1322-1331.

Leach, M.R., Cohen-Doyle, M.F., Thomas, D.Y., and Williams, D.B. (2002). Localization of the lectin, ERp57 binding, and polypeptide binding sites of calnexin and calreticulin. The Journal of biological chemistry *277*, 29686-29697.

Lemberg, M.K., and Martoglio, B. (2004). On the mechanism of SPP-catalysed intramembrane proteolysis; conformational control of peptide bond hydrolysis in the plane of the membrane. FEBS letters *564*, 213-218.

Lenardo, M., Chan, K.M., Hornung, F., McFarland, H., Siegel, R., Wang, J., and Zheng, L. (1999). Mature T lymphocyte apoptosis--immune regulation in a dynamic and unpredictable antigenic environment. Annual review of immunology *17*, 221-253.

Leonhardt, R.M., Keusekotten, K., Bekpen, C., and Knittler, M.R. (2005). Critical role for the tapasin-docking site of TAP2 in the functional integrity of the MHC class I-peptide-loading complex. J Immunol *175*, 5104-5114.

Lethe, B., Lucas, S., Michaux, L., De Smet, C., Godelaine, D., Serrano, A., De Plaen, E., and Boon, T. (1998). LAGE-1, a new gene with tumor specificity. International journal of cancer *76*, 903-908.

Lethe, B., van der Bruggen, P., Brasseur, F., and Boon, T. (1997). MAGE-1 expression threshold for the lysis of melanoma cell lines by a specific cytotoxic T lymphocyte. Melanoma research *7 Suppl 2*, S83-88.

Lettini, A.A., Guidoboni, M., Fonsatti, E., Anzalone, L., Cortini, E., and Maio, M. (2007). Epigenetic remodelling of DNA in cancer. Histology and histopathology *22*, 1413-1424.

Li, B., Samanta, A., Song, X., Furuuchi, K., Iacono, K.T., Kennedy, S., Katsumata, M., Saouaf, S.J., and Greene, M.I. (2006). FOXP3 ensembles in T-cell regulation. Immunological reviews *212*, 99-113.

Lin, M.L., Zhan, Y., Villadangos, J.A., and Lew, A.M. (2008). The cell biology of cross-presentation and the role of dendritic cell subsets. Immunology and cell biology *86*, 353-362.

Linard, B., Bezieau, S., Benlalam, H., Labarriere, N., Guilloux, Y., Diez, E., and Jotereau, F. (2002). A ras-mutated peptide targeted by CTL infiltrating a human melanoma lesion. J Immunol *168*, 4802-4808.

Liu, Y., Van Ginderachter, J.A., Brys, L., De Baetselier, P., Raes, G., and Geldhof, A.B. (2003). Nitric oxide-independent CTL suppression during tumor progression: association with arginase-producing (M2) myeloid cells. J Immunol *170*, 5064-5074.

Liyanage, U.K., Moore, T.T., Joo, H.G., Tanaka, Y., Herrmann, V., Doherty, G., Drebin, J.A., Strasberg, S.M., Eberlein, T.J., Goedegebuure, P.S., *et al.* (2002). Prevalence of regulatory T cells is increased in peripheral blood and tumor microenvironment of patients with pancreas or breast adenocarcinoma. J Immunol *169*, 2756-2761.

Lou, Y., Vitalis, T.Z., Basha, G., Cai, B., Chen, S.S., Choi, K.B., Jeffries, A.P., Elliott, W.M., Atkins, D., Seliger, B., *et al.* (2005). Restoration of the expression of transporters associated with antigen processing in lung carcinoma increases tumor-specific immune responses and survival. Cancer research *65*, 7926-7933.

Lui, G., Manches, O., Angel, J., Molens, J.P., Chaperot, L., and Plumas, J. (2009). Plasmacytoid dendritic cells capture and cross-present viral antigens from influenza-virus exposed cells. PloS one *4*, e7111.

Lyubchenko, T.A., Wurth, G.A., and Zweifach, A. (2001). Role of calcium influx in cytotoxic T lymphocyte lytic granule exocytosis during target cell killing. Immunity *15*, 847-859.

Ma, C.P., Slaughter, C.A., and DeMartino, G.N. (1992). Identification, purification, and characterization of a protein activator (PA28) of the 20 S proteasome (macropain). The Journal of biological chemistry *267*, 10515-10523.

Macagno, A., Gilliet, M., Sallusto, F., Lanzavecchia, A., Nestle, F.O., and Groettrup, M. (1999). Dendritic cells up-regulate immunoproteasomes and the proteasome regulator PA28 during maturation. European journal of immunology *29*, 4037-4042.

Magner, W.J., Kazim, A.L., Stewart, C., Romano, M.A., Catalano, G., Grande, C., Keiser, N., Santaniello, F., and Tomasi, T.B. (2000). Activation of MHC class I, II, and CD40 gene expression by histone deacetylase inhibitors. J Immunol *165*, 7017-7024.

Mami-Chouaib, F., El Hage, F., Stroobant, V., and Coulie, P.G. (2008). Preprocalcitonin-derived peptide as a tumor rejection epitope.

Mantovani, A., Allavena, P., Sica, A., and Balkwill, F. (2008). Cancer-related inflammation. Nature *454*, 436-444.

Marincola, F.M., Jaffee, E.M., Hicklin, D.J., and Ferrone, S. (2000). Escape of human solid tumors from T-cell recognition: molecular mechanisms and functional significance. Advances in immunology *74*, 181-273.

Martinon, F., Mayor, A., and Tschopp, J. (2009). The inflammasomes: guardians of the body. Annual review of immunology *27*, 229-265.

Martoglio, B. (2003). Intramembrane proteolysis and post-targeting functions of signal peptides. Biochemical Society transactions *31*, 1243-1247.

Martoglio, B., and Dobberstein, B. (1998). Signal sequences: more than just greasy peptides. Trends in cell biology *8*, 410-415.

Medema, J.P., de Jong, J., Peltenburg, L.T., Verdegaal, E.M., Gorter, A., Bres, S.A., Franken, K.L., Hahne, M., Albar, J.P., Melief, C.J., *et al.* (2001). Blockade of the granzyme B/perforin pathway through overexpression of the serine protease inhibitor PI-9/SPI-6 constitutes a mechanism for immune escape by tumors. Proceedings of the National Academy of Sciences of the United States of America *98*, 11515-11520.

Medina, F., Ramos, M., Iborra, S., de Leon, P., Rodriguez-Castro, M., and Del Val, M. (2009). Furin-processed antigens targeted to the secretory route elicit functional TAP1-/-CD8+ T lymphocytes in vivo. J Immunol *183*, 4639-4647.

Medzhitov, R., and Janeway, C.A., Jr. (1999). Innate immune induction of the adaptive immune response. Cold Spring Harbor symposia on quantitative biology *64*, 429-435.

Meissner, M., Reichert, T.E., Kunkel, M., Gooding, W., Whiteside, T.L., Ferrone, S., and Seliger, B. (2005). Defects in the human leukocyte antigen class I antigen processing machinery in head and neck squamous cell carcinoma: association with clinical outcome. Clin Cancer Res *11*, 2552-2560.

Mellman, I., and Steinman, R.M. (2001). Dendritic cells: specialized and regulated antigen processing machines. Cell *106*, 255-258.

Mellstedt, H., Vansteenkiste, J., and Thatcher, N. (2011). Vaccines for the treatment of non-small cell lung cancer: investigational approaches and clinical experience. Lung cancer (Amsterdam, Netherlands) *73*, 11-17.

Miller, M.J., Hejazi, A.S., Wei, S.H., Cahalan, M.D., and Parker, I. (2004). T cell repertoire scanning is promoted by dynamic dendritic cell behavior and random T cell motility in the lymph node. Proceedings of the National Academy of Sciences of the United States of America *101*, 998-1003.

Miller, M.J., Wei, S.H., Parker, I., and Cahalan, M.D. (2002). Two-photon imaging of lymphocyte motility and antigen response in intact lymph node. Science (New York, NY *296*, 1869-1873.

Mocellin, S., Marincola, F.M., and Young, H.A. (2005). Interleukin-10 and the immune response against cancer: a counterpoint. Journal of leukocyte biology *78*, 1043-1051.

Molldrem, J.J., Lee, P.P., Kant, S., Wieder, E., Jiang, W., Lu, S., Wang, C., and Davis, M.M. (2003). Chronic myelogenous leukemia shapes host immunity by selective deletion of high-avidity leukemia-specific T cells. The Journal of clinical investigation *111*, 639-647.

Morel, S., Levy, F., Burlet-Schiltz, O., Brasseur, F., Probst-Kepper, M., Peitrequin, A.L., Monsarrat, B., Van Velthoven, R., Cerottini, J.C., Boon, T., *et al.* (2000). Processing of some antigens by the standard proteasome but not by the immunoproteasome results in poor presentation by dendritic cells. Immunity *12*, 107-117.

Murdoch, C., Muthana, M., Coffelt, S.B., and Lewis, C.E. (2008). The role of myeloid cells in the promotion of tumour angiogenesis. Nat Rev Cancer *8*, 618-631.

Nagakawa, O., Ogasawara, M., Murata, J., Fuse, H., and Saiki, I. (2001). Effect of prostatic neuropeptides on migration of prostate cancer cell lines. Int J Urol *8*, 65-70.

Nair, S.K., Heiser, A., Boczkowski, D., Majumdar, A., Naoe, M., Lebkowski, J.S., Vieweg, J., and Gilboa, E. (2000). Induction of cytotoxic T cell responses and tumor immunity against unrelated tumors using telomerase reverse transcriptase RNA transfected dendritic cells. Nature medicine *6*, 1011-1017.

Nakashima, M., Sonoda, K., and Watanabe, T. (1999). Inhibition of cell growth and induction of apoptotic cell death by the human tumor-associated antigen RCAS1. Nature medicine *5*, 938-942.

Neefjes, J.J., Momburg, F., and Hammerling, G.J. (1993). Selective and ATP-dependent translocation of peptides by the MHC-encoded transporter. Science (New York, NY *261*, 769-771.

Nemunaitis, J., Dillman, R.O., Schwarzenberger, P.O., Senzer, N., Cunningham, C., Cutler, J., Tong, A., Kumar, P., Pappen, B., Hamilton, C., *et al.* (2006). Phase II study of belagenpumatucel-L, a transforming growth factor beta-2 antisense gene-modified allogeneic tumor cell vaccine in non-small-cell lung cancer. J Clin Oncol *24*, 4721-4730.

Nishikawa, H., Kato, T., Tawara, I., Takemitsu, T., Saito, K., Wang, L., Ikarashi, Y., Wakasugi, H., Nakayama, T., Taniguchi, M., *et al.* (2005). Accelerated chemically induced tumor development mediated by CD4+CD25+ regulatory T cells in wild-type hosts. Proceedings of the National Academy of Sciences of the United States of America *102*, 9253-9257.

Nishimura, T., Iwakabe, K., Sekimoto, M., Ohmi, Y., Yahata, T., Nakui, M., Sato, T., Habu, S., Tashiro, H., Sato, M., *et al.* (1999). Distinct role of antigen-specific T helper type 1 (Thl) and Th2 cells in tumor eradication in vivo. The Journal of experimental medicine *190*, 617-627.

Nishinakagawa, T., Fujii, S., Nozaki, T., Maeda, T., Machida, K., Enjoji, M., and Nakashima, M. (2010). Analysis of cell cycle arrest and apoptosis induced by RCAS1. International journal of molecular medicine *25*, 717-722.

Ohm, J.E., Gabrilovich, D.I., Sempowski, G.D., Kisseleva, E., Parman, K.S., Nadaf, S., and Carbone, D.P. (2003). VEGF inhibits T-cell development and may contribute to tumor-induced immune suppression. Blood *101*, 4878-4886.

Old, L.J., and Boyse, E.A. (1964). Immunology of Experimental Tumors. Annual review of medicine *15*, 167-186.

Oliveira, C.C., van Veelen, P.A., Querido, B., de Ru, A., Sluijter, M., Laban, S., Drijfhout, J.W., van der Burg, S.H., Offringa, R., and van Hall, T. (2010). The nonpolymorphic MHC Qa-1b mediates CD8+ T cell surveillance of antigen-processing defects. The Journal of experimental medicine *207*, 207-221.

Opferman, J.T., Ober, B.T., and Ashton-Rickardt, P.G. (1999). Linear differentiation of cytotoxic effectors into memory T lymphocytes. Science (New York, NY *283*, 1745-1748.

Ortmann, B., Androlewicz, M.J., and Cresswell, P. (1994). MHC class I/beta 2-microglobulin complexes associate with TAP transporters before peptide binding. Nature *368*, 864-867.

Pandiyan, P., Zheng, L., Ishihara, S., Reed, J., and Lenardo, M.J. (2007). CD4+CD25+Foxp3+ regulatory T cells induce cytokine deprivation-mediated apoptosis of effector CD4+ T cells. Nature immunology *8*, 1353-1362.

Pangault, C., Le Friec, G., Caulet-Maugendre, S., Lena, H., Amiot, L., Guilloux, V., Onno, M., and Fauchet, R. (2002). Lung macrophages and dendritic cells express HLA-G molecules in pulmonary diseases. Human immunology *63*, 83-90.

Pardoll, D. (2003). Does the immune system see tumors as foreign or self? Annual review of immunology *21*, 807-839.

Parmentier, N., Stroobant, V., Colau, D., de Diesbach, P., Morel, S., Chapiro, J., van Endert, P., and Van den Eynde, B.J. (2010). Production of an antigenic peptide by insulin-degrading enzyme. Nature immunology *11*, 449-454.

Peaper, D.R., and Cresswell, P. (2008). Regulation of MHC class I assembly and peptide binding. Annual review of cell and developmental biology *24*, 343-368.

Peranzoni, E., Zilio, S., Marigo, I., Dolcetti, L., Zanovello, P., Mandruzzato, S., and Bronte, V. (2010). Myeloid-derived suppressor cell heterogeneity and subset definition. Current opinion in immunology *22*, 238-244.

Pipkin, M.E., and Lieberman, J. (2007). Delivering the kiss of death: progress on understanding how perforin works. Current opinion in immunology *19*, 301-308.

Pollock, S., Kozlov, G., Pelletier, M.F., Trempe, J.F., Jansen, G., Sitnikov, D., Bergeron, J.J., Gehring, K., Ekiel, I., and Thomas, D.Y. (2004). Specific interaction of ERp57 and calnexin determined by NMR spectroscopy and an ER two-hybrid system. The EMBO journal *23*, 1020-1029.

Prado-Garcia, H., Romero-Garcia, S., Morales-Fuentes, J., Aguilar-Cazares, D., and Lopez-Gonzalez, J.S. (2011). Activation-induced cell death of memory CD8+ T cells from pleural effusion of lung cancer patients is mediated by the type II Fas-induced apoptotic pathway. Cancer Immunol Immunother.

Preta, G., Marescotti, D., Fortini, C., Carcoforo, P., Castelli, C., Masucci, M., and Gavioli, R. (2008). Inhibition of serine-peptidase activity enhances the generation of a survivin-derived HLA-A2-presented CTL epitope in colon-carcinoma cells. Scandinavian journal of immunology *68*, 579-588.

Procko, E., Raghuraman, G., Wiley, D.C., Raghavan, M., and Gaudet, R. (2005). Identification of domain boundaries within the N-termini of TAP1 and TAP2 and their importance in tapasin binding and tapasin-mediated increase in peptide loading of MHC class I. Immunology and cell biology *83*, 475-482.

Puig-Kroger, A., Serrano-Gomez, D., Caparros, E., Dominguez-Soto, A., Relloso, M., Colmenares, M., Martinez-Munoz, L., Longo, N., Sanchez-Sanchez, N., Rincon, M., *et al.* (2004). Regulated expression of the pathogen receptor dendritic cell-specific intercellular adhesion molecule 3 (ICAM-3)-grabbing nonintegrin in THP-1 human leukemic cells, monocytes, and macrophages. The Journal of biological chemistry *279*, 25680-25688.

Radoja, S., Saio, M., Schaer, D., Koneru, M., Vukmanovic, S., and Frey, A.B. (2001). CD8(+) tumor-infiltrating T cells are deficient in perforin-mediated cytolytic activity due to defective microtubule-organizing center mobilization and lytic granule exocytosis. J Immunol *167*, 5042-5051.

Raja, S.M., Wang, B., Dantuluri, M., Desai, U.R., Demeler, B., Spiegel, K., Metkar, S.S., and Froelich, C.J. (2002). Cytotoxic cell granule-mediated apoptosis. Characterization of the macromolecular complex of granzyme B with serglycin. The Journal of biological chemistry *277*, 49523-49530.

Ramlau, R., Quoix, E., Rolski, J., Pless, M., Lena, H., Levy, E., Krzakowski, M., Hess, D., Tartour, E., Chenard, M.P., *et al.* (2008). A phase II study of Tg4010 (Mva-Muc1-Il2) in association with chemotherapy in patients with stage III/IV Non-small cell lung cancer. J Thorac Oncol *3*, 735-744.

Rechsteiner, M., and Hill, C.P. (2005). Mobilizing the proteolytic machine: cell biological roles of proteasome activators and inhibitors. Trends in cell biology *15*, 27-33.

Riker, A., Cormier, J., Panelli, M., Kammula, U., Wang, E., Abati, A., Fetsch, P., Lee, K.H., Steinberg, S., Rosenberg, S., *et al.* (1999). Immune selection after antigen-specific immunotherapy of melanoma. Surgery *126*, 112-120.

Roberts, A.D., Ely, K.H., and Woodland, D.L. (2005). Differential contributions of central and effector memory T cells to recall responses. The Journal of experimental medicine *202*, 123-133.

Rock, K.L., York, I.A., and Goldberg, A.L. (2004). Post-proteasomal antigen processing for major histocompatibility complex class I presentation. Nature immunology *5*, 670-677.

Rock, K.L., York, I.A., Saric, T., and Goldberg, A.L. (2002). Protein degradation and the generation of MHC class I-presented peptides. Advances in immunology *80*, 1-70.

Romero, P., Zippelius, A., Kurth, I., Pittet, M.J., Touvrey, C., Iancu, E.M., Corthesy, P., Devevre, E., Speiser, D.E., and Rufer, N. (2007). Four functionally distinct populations of human effector-memory CD8+ T lymphocytes. J Immunol *178*, 4112-4119.

Rosenberg, S.A., Packard, B.S., Aebersold, P.M., Solomon, D., Topalian, S.L., Toy, S.T., Simon, P., Lotze, M.T., Yang, J.C., Seipp, C.A., *et al.* (1988). Use of tumor-infiltrating lymphocytes and interleukin-2 in the immunotherapy of patients with metastatic melanoma. A preliminary report. The New England journal of medicine *319*, 1676-1680.

Rosenberg, S.A., Yang, J.C., Schwartzentruber, D.J., Hwu, P., Marincola, F.M., Topalian, S.L., Restifo, N.P., Dudley, M.E., Schwarz, S.L., Spiess, P.J., *et al.* (1998). Immunologic and therapeutic evaluation of a synthetic peptide vaccine for the treatment of patients with metastatic melanoma. Nature medicine *4*, 321-327.

Rosenfeld, M.G., Mermod, J.J., Amara, S.G., Swanson, L.W., Sawchenko, P.E., Rivier, J., Vale, W.W., and Evans, R.M. (1983). Production of a novel neuropeptide encoded by the calcitonin gene via tissue-specific RNA processing. Nature *304*, 129-135.

Roskrow, M.A., Suzuki, N., Gan, Y., Sixbey, J.W., Ng, C.Y., Kimbrough, S., Hudson, M., Brenner, M.K., Heslop, H.E., and Rooney, C.M. (1998). Epstein-Barr virus (EBV)-specific cytotoxic T lymphocytes for the treatment of patients with EBV-positive relapsed Hodgkin's disease. Blood *91*, 2925-2934.

Ross, J.S., Gray, K., Gray, G.S., Worland, P.J., and Rolfe, M. (2003). Anticancer antibodies. American journal of clinical pathology *119*, 472-485.

Roth, A., Rohrbach, F., Weth, R., Frisch, B., Schuber, F., and Wels, W.S. (2005). Induction of effective and antigen-specific antitumour immunity by a liposomal ErbB2/HER2 peptide-based vaccination construct. British journal of cancer *92*, 1421-1429.

Ruschak, A.M., Religa, T.L., Breuer, S., Witt, S., and Kay, L.E. (2010). The proteasome antechamber maintains substrates in an unfolded state. Nature *467*, 868-871.

Sadasivan, B., Lehner, P.J., Ortmann, B., Spies, T., and Cresswell, P. (1996). Roles for calreticulin and a novel glycoprotein, tapasin, in the interaction of MHC class I molecules with TAP. Immunity *5*, 103-114.

Saito, H., Tsujitani, S., Ikeguchi, M., Maeta, M., and Kaibara, N. (1998). Relationship between the expression of vascular endothelial growth factor and the density of dendritic cells in gastric adenocarcinoma tissue. British journal of cancer *78*, 1573-1577.

Salazar-Onfray, F., Charo, J., Petersson, M., Freland, S., Noffz, G., Qin, Z., Blankenstein, T., Ljunggren, H.G., and Kiessling, R. (1997). Down-regulation of the expression and function of the transporter associated with antigen processing in murine tumor cell lines expressing IL-10. J Immunol *159*, 3195-3202.

Sallusto, F., Lenig, D., Forster, R., Lipp, M., and Lanzavecchia, A. (1999). Two subsets of memory T lymphocytes with distinct homing potentials and effector functions. Nature *401*, 708-712.

Samet, J.M. (2004). Environmental causes of lung cancer: what do we know in 2003? Chest *125*, 80S-83S.

Sangha, R., and Butts, C. (2007). L-BLP25: a peptide vaccine strategy in non small cell lung cancer. Clin Cancer Res *13*, s4652-4654.

Saveanu, L., Carroll, O., Lindo, V., Del Val, M., Lopez, D., Lepelletier, Y., Greer, F., Schomburg, L., Fruci, D., Niedermann, G., *et al.* (2005). Concerted peptide trimming by human ERAP1 and ERAP2 aminopeptidase complexes in the endoplasmic reticulum. Nature immunology *6*, 689-697.

Scaffidi, C., Fulda, S., Srinivasan, A., Friesen, C., Li, F., Tomaselli, K.J., Debatin, K.M., Krammer, P.H., and Peter, M.E. (1998). Two CD95 (APO-1/Fas) signaling pathways. The EMBO journal *17*, 1675-1687.

Schmitt, L., and Tampe, R. (2000). Affinity, specificity, diversity: a challenge for the ABC transporter TAP in cellular immunity. Chembiochem *1*, 16-35.

Schneider, P., Holler, N., Bodmer, J.L., Hahne, M., Frei, K., Fontana, A., and Tschopp, J. (1998). Conversion of membrane-bound Fas(CD95) ligand to its soluble form is associated with downregulation of its proapoptotic activity and loss of liver toxicity. The Journal of experimental medicine *187*, 1205-1213.

Schubert, U., Anton, L.C., Gibbs, J., Norbury, C.C., Yewdell, J.W., and Bennink, J.R. (2000). Rapid degradation of a large fraction of newly synthesized proteins by proteasomes. Nature *404*, 770-774.

Schwartz, R.H. (1996). Models of T cell anergy: is there a common molecular mechanism? The Journal of experimental medicine *184*, 1-8.

Segond, N., Gerbaud, P., Taboulet, J., Jullienne, A., Moukhtar, M.S., and Evain-Brion, D. (1997). Retinoic acid abolishes the calcitonin gene-related peptide autocrine system in F9 teratocarcinoma cells. J Cell Biochem *64*, 447-457.

Seifert, U., Maranon, C., Shmueli, A., Desoutter, J.F., Wesoloski, L., Janek, K., Henklein, P., Diescher, S., Andrieu, M., de la Salle, H., *et al.* (2003). An essential role for tripeptidyl peptidase in the generation of an MHC class I epitope. Nature immunology *4*, 375-379.

Seliger, B. (2008). Molecular mechanisms of MHC class I abnormalities and APM components in human tumors. Cancer Immunol Immunother *57*, 1719-1726.

Seliger, B., Ritz, U., Abele, R., Bock, M., Tampe, R., Sutter, G., Drexler, I., Huber, C., and Ferrone, S. (2001a). Immune escape of melanoma: first evidence of structural alterations in two distinct components of the MHC class I antigen processing pathway. Cancer research *61*, 8647-8650.

Seliger, B., Schreiber, K., Delp, K., Meissner, M., Hammers, S., Reichert, T., Pawlischko, K., Tampe, R., and Huber, C. (2001b). Downregulation of the constitutive tapasin expression in human tumor cells of distinct origin and its transcriptional upregulation by cytokines. Tissue antigens *57*, 39-45.

Sharma, S., Stolina, M., Lin, Y., Gardner, B., Miller, P.W., Kronenberg, M., and Dubinett, S.M. (1999). T cell-derived IL-10 promotes lung cancer growth by suppressing both T cell and APC function. J Immunol *163*, 5020-5028.

Shaulov, A., and Murali-Krishna, K. (2008). CD8 T cell expansion and memory differentiation are facilitated by simultaneous and sustained exposure to antigenic and inflammatory milieu. J Immunol *180*, 1131-1138.

Shen, L., and Rock, K.L. (2004). Cellular protein is the source of cross-priming antigen in vivo. Proceedings of the National Academy of Sciences of the United States of America *101*, 3035-3040.

Shen, X.Z., Billet, S., Lin, C., Okwan-Duodu, D., Chen, X., Lukacher, A.E., and Bernstein, K.E. (2011). The carboxypeptidase ACE shapes the MHC class I peptide repertoire. Nature immunology *12*, 1078-1085.

Shen, Y.Q., Zhang, J.Q., Xia, M., Miao, F.Q., Shan, X.N., and Xie, W. (2007). Low-molecular-weight protein (LMP)2/LMP7 abnormality underlies the downregulation of human leukocyte antigen class I antigen in a hepatocellular carcinoma cell line. Journal of gastroenterology and hepatology *22*, 1155-1161.

Shortman, K., and Liu, Y.J. (2002). Mouse and human dendritic cell subtypes. Nature reviews *2*, 151-161.

Sica, G.L., Choi, I.H., Zhu, G., Tamada, K., Wang, S.D., Tamura, H., Chapoval, A.I., Flies, D.B., Bajorath, J., and Chen, L. (2003). B7-H4, a molecule of the B7 family, negatively regulates T cell immunity. Immunity *18*, 849-861.

Silva, O.L., Becker, K.L., Primack, A., Doppman, J.L., and Snider, R.H. (1976). Increased serum calcitonin levels in bronchogenic cancer. Chest *69*, 495-499.

Simpson, A.J., Caballero, O.L., Jungbluth, A., Chen, Y.T., and Old, L.J. (2005). Cancer/testis antigens, gametogenesis and cancer. Nat Rev Cancer *5*, 615-625.

Slingluff, C.L., Jr. (2011). The present and future of peptide vaccines for cancer: single or multiple, long or short, alone or in combination? Cancer journal (Sudbury, Mass *17*, 343-350.

Smith, J.D., Solheim, J.C., Carreno, B.M., and Hansen, T.H. (1995). Characterization of class I MHC folding intermediates and their disparate interactions with peptide and beta 2-microglobulin. Molecular immunology *32*, 531-540.

Solito, S., Bronte, V., and Mandruzzato, S. (2011). Antigen specificity of immune suppression by myeloid-derived suppressor cells. Journal of leukocyte biology *90*, 31-36.

Sonoda, K. (2011). Novel therapeutic strategies to target RCAS1, which induces apoptosis via ectodomain shedding. Histology and histopathology *26*, 1475-1486.

Spiotto, M.T., Yu, P., Rowley, D.A., Nishimura, M.I., Meredith, S.C., Gajewski, T.F., Fu, Y.X., and Schreiber, H. (2002). Increasing tumor antigen expression overcomes "ignorance" to solid tumors via crosspresentation by bone marrow-derived stromal cells. Immunity *17*, 737-747.

Steenbergh, P.H., Hoppener, J.W., Zandberg, J., Visser, A., Lips, C.J., and Jansz, H.S. (1986). Structure and expression of the human calcitonin/CGRP genes. FEBS letters *209*, 97-103.

Steinbrink, K., Graulich, E., Kubsch, S., Knop, J., and Enk, A.H. (2002). CD4(+) and CD8(+) anergic T cells induced by interleukin-10-treated human dendritic cells display antigen-specific suppressor activity. Blood *99*, 2468-2476.

Steinbrink, K., Wolfl, M., Jonuleit, H., Knop, J., and Enk, A.H. (1997). Induction of tolerance by IL-10-treated dendritic cells. J Immunol *159*, 4772-4780.

Steinman, R.M. (1991). The dendritic cell system and its role in immunogenicity. Annual review of immunology *9*, 271-296.

Steinman, R.M. (2003). The control of immunity and tolerance by dendritic cell. Pathologie-biologie *51*, 59-60.

Steinman, R.M., and Cohn, Z.A. (1973). Identification of a novel cell type in peripheral lymphoid organs of mice. I. Morphology, quantitation, tissue distribution. The Journal of experimental medicine *137*, 1142-1162.

Stemberger, C., Huster, K.M., Koffler, M., Anderl, F., Schiemann, M., Wagner, H., and Busch, D.H. (2007). A single naive CD8+ T cell precursor can develop into diverse effector and memory subsets. Immunity *27*, 985-997.

Stennicke, H.R., Jurgensmeier, J.M., Shin, H., Deveraux, Q., Wolf, B.B., Yang, X., Zhou, Q., Ellerby, H.M., Ellerby, L.M., Bredesen, D., *et al.* (1998). Pro-caspase-3 is a major physiologic target of caspase-8. The Journal of biological chemistry *273*, 27084-27090.

Stinchcombe, J.C., Bossi, G., Booth, S., and Griffiths, G.M. (2001). The immunological synapse of CTL contains a secretory domain and membrane bridges. Immunity *15*, 751-761.

Stohwasser, R., Standera, S., Peters, I., Kloetzel, P.M., and Groettrup, M. (1997). Molecular cloning of the mouse proteasome subunits MC14 and MECL-1: reciprocally regulated tissue expression of interferon-gamma-modulated proteasome subunits. European journal of immunology *27*, 1182-1187.

Straus, D.B., and Weiss, A. (1992). Genetic evidence for the involvement of the lck tyrosine kinase in signal transduction through the T cell antigen receptor. Cell *70*, 585-593.

Sun, Y., Sijts, A.J., Song, M., Janek, K., Nussbaum, A.K., Kral, S., Schirle, M., Stevanovic, S., Paschen, A., Schild, H., *et al.* (2002). Expression of the proteasome activator PA28 rescues the presentation of a cytotoxic T lymphocyte epitope on melanoma cells. Cancer research *62*, 2875-2882.

Sun, Y., Wang, Y., Zhao, J., Gu, M., Giscombe, R., Lefvert, A.K., and Wang, X. (2006). B7-H3 and B7-H4 expression in non-small-cell lung cancer. Lung cancer (Amsterdam, Netherlands) *53*, 143-151.

Sung, C.P., Arleth, A.J., Aiyar, N., Bhatnagar, P.K., Lysko, P.G., and Feuerstein, G. (1992). CGRP stimulates the adhesion of leukocytes to vascular endothelial cells. Peptides *13*, 429-434.

Surman, D.R., Dudley, M.E., Overwijk, W.W., and Restifo, N.P. (2000). Cutting edge: CD4+ T cell control of CD8+ T cell reactivity to a model tumor antigen. J Immunol *164*, 562-565.

Tachimori, A., Yamada, N., Sakate, Y., Yashiro, M., Maeda, K., Ohira, M., Nishino, H., and Hirakawa, K. (2005). Up regulation of ICAM-1 gene expression inhibits tumour growth and liver metastasis in colorectal carcinoma. Eur J Cancer *41*, 1802-1810.

Takahashi, H., Iizuka, H., Nakashima, M., Wada, T., Asano, K., Ishida-Yamamoto, A., and Watanabe, T. (2001). RCAS1 antigen is highly expressed in extramammary Paget's disease and in advanced stage squamous cell carcinoma of the skin. Journal of dermatological science *26*, 140-144.

Takahashi, N., Ohkuri, T., Homma, S., Ohtake, J., Wakita, D., Togashi, Y., Kitamura, H., Todo, S., and Nishimura, T. (2012). First clinical trial of cancer vaccine therapy with artificially synthesized helper/ killer-hybrid epitope long peptide of MAGE-A4 cancer antigen. Cancer science *103*, 150-153.

Takata, H., and Takiguchi, M. (2006). Three memory subsets of human CD8+ T cells differently expressing three cytolytic effector molecules. J Immunol *177*, 4330-4340.

Takenoyama, M., Baurain, J.F., Yasuda, M., So, T., Sugaya, M., Hanagiri, T., Sugio, K., Yasumoto, K., Boon, T., and Coulie, P.G. (2006). A point mutation in the NFYC gene generates an antigenic peptide recognized by autologous cytolytic T lymphocytes on a human squamous cell lung carcinoma. International journal of cancer *118*, 1992-1997.

Takeshima, T., Chamoto, K., Wakita, D., Ohkuri, T., Togashi, Y., Shirato, H., Kitamura, H., and Nishimura, T. (2010). Local radiation therapy inhibits tumor growth through the generation of tumor-specific CTL: its potentiation by combination with Th1 cell therapy. Cancer research *70*, 2697-2706.

Tanahashi, N., Murakami, Y., Minami, Y., Shimbara, N., Hendil, K.B., and Tanaka, K. (2000). Hybrid proteasomes. Induction by interferon-gamma and contribution to ATP-dependent proteolysis. The Journal of biological chemistry *275*, 14336-14345.

Tanaka, K., and Kasahara, M. (1998). The MHC class I ligand-generating system: roles of immunoproteasomes and the interferon-gamma-inducible proteasome activator PA28. Immunological reviews *163*, 161-176.

Textoris-Taube, K., Henklein, P., Pollmann, S., Bergann, T., Weisshoff, H., Seifert, U., Drung, I., Mugge, C., Sijts, A., Kloetzel, P.M., *et al.* (2007). The N-terminal flanking region of the TRP2360-368 melanoma antigen determines proteasome activator PA28 requirement for epitope liberation. The Journal of biological chemistry *282*, 12749-12754.

Thiery, J., Abouzahr, S., Dorothee, G., Jalil, A., Richon, C., Vergnon, I., Mami-Chouaib, F., and Chouaib, S. (2005). p53 potentiation of tumor cell susceptibility to CTL involves Fas and mitochondrial pathways. J Immunol *174*, 871-878.

Thomas, D.A., Du, C., Xu, M., Wang, X., and Ley, T.J. (2000). DFF45/ICAD can be directly processed by granzyme B during the induction of apoptosis. Immunity *12*, 621-632.

Thomas, L. (1982). On immunosurveillance in human cancer. The Yale journal of biology and medicine *55*, 329-333.

Tiemessen, M.M., Jagger, A.L., Evans, H.G., van Herwijnen, M.J., John, S., and Taams, L.S. (2007). CD4+CD25+Foxp3+ regulatory T cells induce alternative activation of human monocytes/macrophages. Proceedings of the National Academy of Sciences of the United States of America *104*, 19446-19451.

Tindle, R.W. (1996). Human papillomavirus vaccines for cervical cancer. Current opinion in immunology *8*, 643-650.

Toes, R.E., Nussbaum, A.K., Degermann, S., Schirle, M., Emmerich, N.P., Kraft, M., Laplace, C., Zwinderman, A., Dick, T.P., Muller, J., *et al.* (2001). Discrete cleavage motifs of constitutive and immunoproteasomes revealed by quantitative analysis of cleavage products. The Journal of experimental medicine *194*, 1-12.

Tomasini, P., Khobta, N., Greillier, L., and Barlesi, F. (2012). Ipilimumab: its potential in non-small cell lung cancer. Therapeutic advances in medical oncology *4*, 43-50.

Tomizawa, K., Suda, K., Onozato, R., Kosaka, T., Endoh, H., Sekido, Y., Shigematsu, H., Kuwano, H., Yatabe, Y., and Mitsudomi, T. (2011). Prognostic and predictive implications of HER2/ERBB2/neu gene mutations in lung cancers. Lung cancer (Amsterdam, Netherlands) *74*, 139-144.

Touret, N., Paroutis, P., and Grinstein, S. (2005). The nature of the phagosomal membrane: endoplasmic reticulum versus plasmalemma. Journal of leukocyte biology *77*, 878-885.

Townsend, A., Elliott, T., Cerundolo, V., Foster, L., Barber, B., and Tse, A. (1990). Assembly of MHC class I molecules analyzed in vitro. Cell *62*, 285-295.

Tschopp, J., Masson, D., and Stanley, K.K. (1986). Structural/functional similarity between proteins involved in complement- and cytotoxic T-lymphocyte-mediated cytolysis. Nature *322*, 831-834.

Tzai, T.S., Shiau, A.L., Liu, L.L., and Wu, C.L. (2000). Immunization with TGF-beta antisense oligonucleotide-modified autologous tumor vaccine enhances the antitumor immunity of MBT-2 tumor-bearing mice through upregulation of MHC class I and Fas expressions. Anticancer research *20*, 1557-1562.

Ugurel, S., Rappl, G., Tilgen, W., and Reinhold, U. (2001). Increased soluble CD95 (sFas/CD95) serum level correlates with poor prognosis in melanoma patients. Clin Cancer Res *7*, 1282-1286.

Usharauli, D., and Kamala, T. (2008). Brief antigenic stimulation generates effector CD8 T cells with low cytotoxic activity and high IL-2 production. J Immunol *180*, 4507-4513.

Uyttenhove, C., Godfraind, C., Lethe, B., Amar-Costesec, A., Renauld, J.C., Gajewski, T.F., Duffour, M.T., Warnier, G., Boon, T., and Van den Eynde, B.J. (1997). The expression of mouse gene P1A in testis does not prevent safe induction of cytolytic T cells against a P1A-encoded tumor antigen. International journal of cancer *70*, 349-356.

Valladeau, J., Clair-Moninot, V., Dezutter-Dambuyant, C., Pin, J.J., Kissenpfennig, A., Mattei, M.G., Ait-Yahia, S., Bates, E.E., Malissen, B., Koch, F., *et al.* (2002). Identification of mouse langerin/CD207 in Langerhans cells and some dendritic cells of lymphoid tissues. J Immunol *168*, 782-792.

van der Bruggen, P., Traversari, C., Chomez, P., Lurquin, C., De Plaen, E., Van den Eynde, B., Knuth, A., and Boon, T. (1991). A gene encoding an antigen recognized by cytolytic T lymphocytes on a human melanoma. Science (New York, NY *254*, 1643-1647.

van der Merwe, P.A. (1999). A subtle role for CD2 in T cell antigen recognition. The Journal of experimental medicine *190*, 1371-1374.

van Hall, T., Wolpert, E.Z., van Veelen, P., Laban, S., van der Veer, M., Roseboom, M., Bres, S., Grufman, P., de Ru, A., Meiring, H., *et al.* (2006). Selective cytotoxic T-lymphocyte targeting of tumor immune escape variants. Nature medicine *12*, 417-424.

Varshavsky, A. (2012). Three decades of studies to understand the functions of the ubiquitin family. Methods in molecular biology (Clifton, NJ *832*, 1-11.

Veiga-Fernandes, H., Walter, U., Bourgeois, C., McLean, A., and Rocha, B. (2000). Response of naive and memory CD8+ T cells to antigen stimulation in vivo. Nature immunology *1*, 47-53.

Veugelers, K., Motyka, B., Goping, I.S., Shostak, I., Sawchuk, T., and Bleackley, R.C. (2006). Granule-mediated killing by granzyme B and perforin requires a mannose 6-phosphate receptor and is augmented by cell surface heparan sulfate. Molecular biology of the cell *17*, 623-633.

Viaud, S., Thery, C., Ploix, S., Tursz, T., Lapierre, V., Lantz, O., Zitvogel, L., and Chaput, N. (2010). Dendritic cell-derived exosomes for cancer immunotherapy: what's next? Cancer research *70*, 1281-1285.

Vigneron, N., and Van den Eynde, B.J. (2011). Insights into the processing of MHC class I ligands gained from the study of human tumor epitopes. Cell Mol Life Sci *68*, 1503-1520.

Viola, A., and Lanzavecchia, A. (1996). T cell activation determined by T cell receptor number and tunable thresholds. Science (New York, NY *273*, 104-106.

von Andrian, U.H., and Mempel, T.R. (2003). Homing and cellular traffic in lymph nodes. Nature reviews *3*, 867-878.

von Heijne, G. (1990). The signal peptide. The Journal of membrane biology *115*, 195-201.

Vyas, J.M., Van der Veen, A.G., and Ploegh, H.L. (2008). The known unknowns of antigen processing and presentation. Nature reviews *8*, 607-618.

Walker, M.R., Carson, B.D., Nepom, G.T., Ziegler, S.F., and Buckner, J.H. (2005). De novo generation of antigen-specific CD4+CD25+ regulatory T cells from human CD4+CD25- cells. Proceedings of the National Academy of Sciences of the United States of America *102*, 4103-4108.

Walker, M.R., Kasprowicz, D.J., Gersuk, V.H., Benard, A., Van Landeghen, M., Buckner, J.H., and Ziegler, S.F. (2003). Induction of FoxP3 and acquisition of T regulatory activity by stimulated human CD4+CD25- T cells. The Journal of clinical investigation *112*, 1437-1443.

Wang, H.Y., Lee, D.A., Peng, G., Guo, Z., Li, Y., Kiniwa, Y., Shevach, E.M., and Wang, R.F. (2004). Tumor-specific human CD4+ regulatory T cells and their ligands: implications for immunotherapy. Immunity *20*, 107-118.

Wang, H.Y., and Wang, R.F. (2007). Regulatory T cells and cancer. Current opinion in immunology *19*, 217-223.

Wange, R.L., Malek, S.N., Desiderio, S., and Samelson, L.E. (1993). Tandem SH2 domains of ZAP-70 bind to T cell antigen receptor zeta and CD3 epsilon from activated Jurkat T cells. The Journal of biological chemistry *268*, 19797-19801.

Ward, A., Reyes, C.L., Yu, J., Roth, C.B., and Chang, G. (2007). Flexibility in the ABC transporter MsbA: Alternating access with a twist. Proceedings of the National Academy of Sciences of the United States of America *104*, 19005-19010.

Wearsch, P.A., and Cresswell, P. (2007). Selective loading of high-affinity peptides onto major histocompatibility complex class I molecules by the tapasin-ERp57 heterodimer. Nature immunology *8*, 873-881.

Wearsch, P.A., Jakob, C.A., Vallin, A., Dwek, R.A., Rudd, P.M., and Cresswell, P. (2004). Major histocompatibility complex class I molecules expressed with monoglucosylated N-linked glycans bind calreticulin independently of their assembly status. The Journal of biological chemistry *279*, 25112-25121.

Wei, M.L., and Cresswell, P. (1992). HLA-A2 molecules in an antigen-processing mutant cell contain signal sequence-derived peptides. Nature *356*, 443-446.

Weinzierl, A.O., Rudolf, D., Hillen, N., Tenzer, S., van Endert, P., Schild, H., Rammensee, H.G., and Stevanovic, S. (2008). Features of TAP-independent MHC class I ligands revealed by quantitative mass spectrometry. European journal of immunology *38*, 1503-1510.

Wherry, E.J., Golovina, T.N., Morrison, S.E., Sinnathamby, G., McElhaugh, M.J., Shockey, D.C., and Eisenlohr, L.C. (2006). Re-evaluating the generation of a "proteasome-independent" MHC class I-restricted CD8 T cell epitope. J Immunol *176*, 2249-2261.

Wiker, H.G. (2009). MPB70 and MPB83--major antigens of Mycobacterium bovis. Scandinavian journal of immunology *69*, 492-499.

Wiley, S.R., Schooley, K., Smolak, P.J., Din, W.S., Huang, C.P., Nicholl, J.K., Sutherland, G.R., Smith, T.D., Rauch, C., Smith, C.A., *et al.* (1995). Identification and characterization of a new member of the TNF family that induces apoptosis. Immunity *3*, 673-682.

Willberg, C.B., Ward, S.M., Clayton, R.F., Naoumov, N.V., McCormick, C., Proto, S., Harris, M., Patel, A.H., and Klenerman, P. (2007). Protection of hepatocytes from cytotoxic T cell mediated killing by interferon-alpha. PloS one *2*, e791.

Wimalawansa, S.J. (1996). Calcitonin gene-related peptide and its receptors: molecular genetics, physiology, pathophysiology, and therapeutic potentials. Endocrine reviews *17*, 533-585.

Winter, H., van den Engel, N.K., Rusan, M., Schupp, N., Poehlein, C.H., Hu, H.M., Hatz, R.A., Urba, W.J., Jauch, K.W., Fox, B.A., *et al.* (2011). Active-specific immunotherapy for non-small cell lung cancer. Journal of thoracic disease *3*, 105-114.

Wohlfart, S., Sebinger, D., Gruber, P., Buch, J., Polgar, D., Krupitza, G., Rosner, M., Hengstschlager, M., Raderer, M., Chott, A., *et al.* (2004). FAS (CD95) mutations are rare in gastric MALT lymphoma but occur more frequently in primary gastric diffuse large B-cell lymphoma. The American journal of pathology *164*, 1081-1089.

Wolfel, C., Drexler, I., Van Pel, A., Thres, T., Leister, N., Herr, W., Sutter, G., Huber, C., and Wolfel, T. (2000). Transporter (TAP)- and proteasome-independent presentation of a melanoma-associated tyrosinase epitope. International journal of cancer *88*, 432-438.

Wolfel, T., Schneider, J., Meyer Zum Buschenfelde, K.H., Rammensee, H.G., Rotzschke, O., and Falk, K. (1994). Isolation of naturally processed peptides recognized by cytolytic T lymphocytes (CTL) on human melanoma cells in association with HLA-A2.1. International journal of cancer *57*, 413-418.

Woo, E.Y., Chu, C.S., Goletz, T.J., Schlienger, K., Yeh, H., Coukos, G., Rubin, S.C., Kaiser, L.R., and June, C.H. (2001). Regulatory CD4(+)CD25(+) T cells in tumors from patients with early-stage non-small cell lung cancer and late-stage ovarian cancer. Cancer research *61*, 4766-4772.

Woodland, D.L., and Kohlmeier, J.E. (2009). Migration, maintenance and recall of memory T cells in peripheral tissues. Nature reviews *9*, 153-161.

Woodrow, J.P., Sharpe, C.J., Fudge, N.J., Hoff, A.O., Gagel, R.F., and Kovacs, C.S. (2006). Calcitonin plays a critical role in regulating skeletal mineral metabolism during lactation. Endocrinology *147*, 4010-4021.

Wulfing, C., Sumen, C., Sjaastad, M.D., Wu, L.C., Dustin, M.L., and Davis, M.M. (2002). Costimulation and endogenous MHC ligands contribute to T cell recognition. Nature immunology *3*, 42-47.

Wuttke, M., Papewalis, C., Meyer, Y., Kessler, C., Jacobs, B., Willenberg, H.S., Schinner, S., Kouatchoua, C., Baehring, T., Scherbaum, W.A., *et al.* (2008). Amino acid-modified calcitonin immunization induces tumor epitope-specific immunity in a transgenic mouse model for medullary thyroid carcinoma. Endocrinology *149*, 5627-5634.

Yang, Z.Z., Novak, A.J., Stenson, M.J., Witzig, T.E., and Ansell, S.M. (2006). Intratumoral CD4+CD25+ regulatory T-cell-mediated suppression of infiltrating CD4+ T cells in B-cell non-Hodgkin lymphoma. Blood *107*, 3639-3646.

Ye, S.R., Yang, H., Li, K., Dong, D.D., Lin, X.M., and Yie, S.M. (2007). Human leukocyte antigen G expression: as a significant prognostic indicator for patients with colorectal cancer. Mod Pathol *20*, 375-383.

Yee, C., Riddell, S.R., and Greenberg, P.D. (2001). In vivo tracking of tumor-specific T cells. Current opinion in immunology *13*, 141-146.

Yie, S.M., Yang, H., Ye, S.R., Li, K., Dong, D.D., and Lin, X.M. (2007). Expression of human leucocyte antigen G (HLA-G) is associated with prognosis in non-small cell lung cancer. Lung cancer (Amsterdam, Netherlands) *58*, 267-274.

Yoshino, I., Goedegebuure, P.S., Peoples, G.E., Parikh, A.S., DiMaio, J.M., Lyerly, H.K., Gazdar, A.F., and Eberlein, T.J. (1994). HER2/neu-derived peptides are shared antigens among human non-small cell lung cancer and ovarian cancer. Cancer research *54*, 3387-3390.

Zeidler, R., Eissner, G., Meissner, P., Uebel, S., Tampe, R., Lazis, S., and Hammerschmidt, W. (1997). Downregulation of TAP1 in B lymphocytes by cellular and Epstein-Barr virus-encoded interleukin-10. Blood *90*, 2390-2397.

Zhang, H., and Rosdahl, I. (2006). Bcl-xL and bcl-2 proteins in melanoma progression and UVB-induced apoptosis. International journal of oncology *28*, 661-666.

Zhang, L., and Fang, B. (2005). Mechanisms of resistance to TRAIL-induced apoptosis in cancer. Cancer gene therapy *12*, 228-237.

Zhang, M., Byrne, S., Liu, N., Wang, Y., Oxenius, A., and Ashton-Rickardt, P.G. (2007). Differential survival of cytotoxic T cells and memory cell precursors. J Immunol *178*, 3483-3491.

Zhang, T., Somasundaram, R., Berencsi, K., Caputo, L., Rani, P., Guerry, D., Furth, E., Rollins, B.J., Putt, M., Gimotty, P., *et al.* (2005). CXC chemokine ligand 12 (stromal cell-derived factor 1 alpha) and CXCR4-dependent migration of CTLs toward melanoma cells in organotypic culture. J Immunol *174*, 5856-5863.

Zhang, X.D., Franco, A., Myers, K., Gray, C., Nguyen, T., and Hersey, P. (1999). Relation of TNF-related apoptosis-inducing ligand (TRAIL) receptor and FLICE-inhibitory protein expression to TRAIL-induced apoptosis of melanoma. Cancer research *59*, 2747-2753.

ANNEXES

ANNEXES

ANNEXE 1: Antigènes tumoraux issus de mutation

Gène/ protéine	Type de cancer	HLA	Peptide	Méthode de stimulation	Réferences
α-actinin-4	cancer de poumon	A2	FIASNGVKLV	Tumeur autologue	Echchakir, 2001
ARTC1	mélanome	DR1	YSVYFNLPADTIYTN	Tumeur autologue	Wang, 2005
BCR-ABL protéine de fusion (b3a2)	leucémie	A2	SSKALQRPV	Peptide	Yotnda, 1998a
		B8	GFKQSSKAL	Peptide	Yotnda, 1998a
		DR4	ATGFKQSSKALQRPVAS	Peptide	ten Bosch, 1996
		DR9	ATGFKQSSKALQRPVAS	Peptide	Makita, 2002
B-RAF	mélanome	DR4	EDLTVKIGDFGLATEKSRWSGSHQFEQLS	Peptide	Sharkey, 2004
CASP-5	Cancer colorectal, gastrique et endometrial	A2	FLIIWQNTM	Peptide	Schwitalle, 2004
CASP-8	cancer de la tête et du cou	B35	FPSDSWCYF	Tumeur autologue	Mandruzzato, 1997
β-catenine	mélanome	A24	SYLDSGIHF	Tumeur autologue	Robbins, 1996
Cdc27	mélanome	DR4	FSWAMDLDPKGA	Tumeur autologue	Wang, 1999b
CDK4	mélanome	A2	ACDPHSGHFV	Tumeur autologue	Wolfel, 1995
CDKN2A	mélanome	A11	AVCPWTWLR	Tumeur autologue	Huang, 2004
COA-1	cancer colorectal	DR4	TLYQDDTLTLQAAG	Tumeur autologue	Maccalli, 2003
		DR13	TLYQDDTLTLQAAG	Tumeur autologue	Maccalli, 2003
dek-can protéine de fusion	leucémie	DR53	TMKQICKKEIRRLHQY	Peptide	Makita, 2002
EFTUD2	mélanome	A3	KILDAVVAQK	Tumeur autologue	Lennerz, 2005
Facteur d' élongation 2	Cancer de poumon	A68	ETVSEQSNV	Tumeur autologue	Hogan, 1998
ETV6-AML1 protéine de fusion	leucémie	A2	RIAECILGM	Peptide	Yotnda, 1998b
		DP5	IGRIAECILGMNPSR	Peptide	Yun, 1999
		DP17	IGRIAECILGMNPSR	Peptide	Yun, 1999
FLT3-ITD	leucémie	A1	YVDFREYEYY	Peptide	Graf, 2007
FN1	mélanome	DR2	MIFEKHGFRRTTPP	Tumeur	Wang, 2002

				autologue	
GPNMB	mélanome	A3	TLDWLLQTPK	Tumeur autologue	Lennerz, 2005
LDLR-fucosyltransferaseAS protéine de fusion	mélanome	DR1	WRRAPAPGA	Tumeur autologue	Wang, 1999a
		DR1	PVTWRRAPA	Tumeur autologue	Wang, 1999a
HLA-A2	Cancer du rein			Tumeur autologue	Brandle, 1996
HLA-A11	mélanome			Tumeur autologue	Huang, 2004
hsp70-2	Cancer du rein	A2	SLFEGIDIYT	Tumeur autologue	Gaudin, 1999
KIAAO205	Cancer de la vessie	B44	AEPINIQTW	Tumeur autologue	Gueguen, 1998
MART2	mélanome	A1	FLEGNEVGKTY	Tumeur autologue	Kawakami, 2001
ME1	Cancer de poumon	A2	FLDEFMEGV	Tumeur autologue	Karanikas, 2001
MUM-1	mélanome	B44	EEKLIVVLF	Tumeur autologue	Coulie, 1995
MUM-2	mélanome	B44	SELFRSGLDSY	Tumeur autologue	Chiari, 1999
		Cw6	FRSGLDSYV	Tumeur autologue	Chiari, 1999
MUM-3	mélanome	A68	EAFIQPITR	Tumeur autologue	Baurain, 2000
neo-PAP	mélanome	DR7	RVIKNSIRLTL	Tumeur autologue	Topalian, 2002
Myosine classe I	mélanome	A3	KINKNPKYK	TIL avec IL-2	Zorn, 1999
NFYC	Cancer de poumon	B52	QQITKTEV	Tumeur autologue	Takenoyama, 2006
OGT	cancer colorectal	A2	SLYKFSPFPL	Peptide	Ripberger, 2003
OS-9	mélanome	B44	KELEGILLL	Tumeur autologue	Vigneron, 2002
p53	cancer de la tête et du cou	A2	VVPCEPPEV	Peptide	Ito, 2007
pml-RARalpha protéine de fusion	leucémie	DR11	NSNHVASGAGEAAIETQSSSSEEIV	Peptide	Gambacorti, 1993
PRDX5	mélanome	A2	LLLDDLLVSI	Peptide	Sensi, 2005
PTPRK	mélanome	DR10	PYYFAAELPPRNLPEP	Tumeur autologue	Novellino, 2003
K-ras	Cancer pancréatique	B35	VVVGAVGVG	Peptide	Gjertsen, 1997
N-ras	mélanome	A1	ILDTAGREEY	Tumeur autologue	Linard, 2002

RBAF600	mélanome	B7	RPHVPESAF	Tumeur autologue	Lennerz, 2005
SIRT2	mélanome	A3	KIFSEVTLK	Tumeur autologue	Lennerz, 2005
SNRPD1	mélanome	B38	SHETVIIEL	Tumeur autologue	Lennerz, 2005
SYT-SSX1 or -SSX2 protéine de fusion	sarcome	B7	QRPYGYDQIM	Peptide	Worley, 2001
TGF-βRII	cancer colorectal	A2	RLSSCVPVA	Peptide	Linnebacher, 2001
Triosephosph ate isomerase	mélanome	DR1	GELIGILNAAKVPAD	Tumeur autologue	Pieper, 1999

D'après http://www.cancerimmunity.org/peptidedatabase/Tcellepitopes.htm

ANNEXE 2: Antigènes « *Cancer-Testis* »

Gène	HLA	Peptide	Méthode de stimulation	Réferences
BAGE-1	Cw16	AARAVFLAL	Tumeur autologue	Boel, 1995
GAGE-1,2,8	Cw6	YRPRPRRY	Tumeur autologue	Van den Eynde, 1995
GAGE-3,4,5,6,7	A29	YYWPRPRRY	Tumeur autologue	De Backer, 1999
GnTV	A2	VLPDVFIRC(V)	Tumeur autologue	Guilloux, 1996
HERV-K-MEL	A2	MLAVISCAV	Tumeur autologue	Schiavetti, 2002
KK-LC-1	B15	RQKRILVNL	Tumeur autologue	Fukuyama, 2006
KM-HN-1	A24	NYNNFYRFL	Peptide	Monji, 2004
	A24	EYSKECLKEF	Peptide	Monji, 2004
	A24	EYLSLSDKI	Peptide	Monji, 2004
LAGE-1	A2	MLMAQEALAFL	Tumeur autologue	Aarnoudse, 1999
	A2	SLLMWITQC	Peptide	Rimoldi, 2000
	A31	LAAQERRVPR	Tumeur autologue	Wang, 1998
	A68	ELVRRILSR	Adenovirus-DC	Sun, 2006
	B7	APRGVRMAV	Adenovirus-APC	Slager, 2004
	DP4	SLLMWITQCFLPVF	Peptide	Zeng, 2001
	DR3	QGAMLAAQERRVPRAAEVPR	Protéine	Slager, 2004
	DR4	AADHRQLQLSISSCLQQL	Protéine	Jager, 2000
	DR11	CLSRRPWKRSWSAGSCPGMPHL	Peptide	Slager, 2003
	DR12	CLSRRPWKRSWSAGSCPGMPHL	Peptide	Slager, 2003
	DR13	ILSRDAAPLPRPG	Tumeur autologue	Wang, 2004
	DR15	AGATGGRGPRGAGA	Protéine	Hasegawa, 2006
MAGE-A1	A1	EADPTGHSY	Tumeur autologue	Traversari, 1992
	A2	KVLEYVIKV	Peptide	Ottaviani, 2005 Pascolo, 2001
	A3	SLFRAVITK	Poxvirus-DC	Chaux, 1999
	A68	EVYDGREHSA	Poxvirus-DC	Chaux, 1999
	B7	RVRFFFPSL	Poxvirus-DC	Luiten, 2000
	B35	EADPTGHSY	Poxvirus-DC	Luiten, 2000
	B37	REPVTKAEML	Tumeur autologue	Tanzarella, 1999
	B53	DPARYEFLW	Poxvirus-DC	Chaux, 1999

	B57	ITKKVADLVGF	ALVAC-DC	Corbière, 2004
	Cw2	SAFPTTINF	Poxvirus-DC	Chaux, 1999
	Cw3	SAYGEPRKL	Poxvirus-DC	Chaux, 1999
	Cw16	SAYGEPRKL	Tumeur autologue	van der Bruggen, 1994
	DP4	TSCILESLFRAVITK	Peptide	Wang, 2007
	DP4	PRALAETSYVKVLEY	Peptide	Wang, 2007
	DR13	FLLLKYRAREPVTKAE	Protéine	Chaux, 1999
	DR15	EYVIKVSARVRF	Protéine	Chaux, 2001
MAGE-A2	A2	YLQLVFGIEV	Peptide	Kawashima, 1998
	A24	EYLQLVFGI	Peptide	Tahara, 1999
	B37	REPVTKAEML	Tumeur autologue	Tanzarella, 1999
	Cw7	EGDCAPEEK	Lentivirus-DC	Breckpot, 2004
	DR13	LLKYRAREPVTKAE	Protéine	Chaux, 1999
MAGE-A3	A1	EVDPIGHLY	Tumeur autologue	Gaugler, 1994
	A2	FLWGPRALV	Peptide	van der Bruggen, 1994
	A2	KVAELVHFL	Peptide	Kawashima, 1998
	A24	TFPDLESEF	Peptide	Oiso, 1999
	A24	VAELVHFLL	Peptide	Miyagawa, 2006
	B18	MEVDPIGHLY	Adenovirus-DC	Bilsborough, 2002
	B35	EVDPIGHLY	Poxvirus-DC	Schultz, 2001
	B37	REPVTKAEML	Tumeur autologue	Tanzarella, 1999
	B40	AELVHFLLL	Adenovirus-DC	Schultz, 2002
	B44	MEVDPIGHLY	Peptide	Herman, 1996
	B52	WQYFFPVIF	Retrovirus-DC	Russo, 2000
	Cw7	EGDCAPEEK	Lentivirus-DC	Breckpot, 2004
	DP4	KKLLTQHFVQENYLEY	Protéine	Schultz, 2000
	DQ6	KKLLTQHFVQENYLEY	Peptide	Schultz, 2004
	DR1	ACYEFLWGPRALVETS	Protéine	Zhang, 2003
	DR4	RKVAELVHFLLLKYR	Peptide	Cesson, 2010
	DR4	VIFSKASSSLQL	Peptide	Kobayashi, 2001
	DR7	VIFSKASSSLQL	Peptide	Kobayashi, 2001
	DR7	VFGIELMEVDPIGHL	Peptide	Cesson, 2010
	DR11	GDNQIMPKAGLLIIV	Peptide	Consogno, 2003
	DR11	TSYVKVLHHMVKISG	Protéine	Manici, 1999
	DR13	RKVAELVHFLLLKYRA	Protéine	Chaux, 1999b

	DR13	FLLLKYRAREPVTKAE	Protéine	Chaux, 1999b
MAGE-A4	A1	EVDPASNTY	Peptide après isolation par tétramères	Kobayashi, 2003
	A2	GVYDGREHTV	Adenovirus-DC	Duffour, 1999
	A24	NYKRCFPVI	Peptide	Miyahara, 2005 Ottaviani, 2006
	B37	SESLKMIF	Poxvirus-DC	Zhang, 2002
MAGE-A6	A34	MVKISGGPR	Tumeur autologue	Zorn, 1999
	B35	EVDPIGHVY	Tumeur autologue	Benlalam, 2003
	B37	REPVTKAEML	Tumeur autologue	Tanzarella, 1999
	Cw7	EGDCAPEEK	Lentivirus-DC	Breckpot, 2004
	Cw16	ISGGPRISY	Tumeur autologue	Vantomme, 2003
	DR13	LLKYRAREPVTKAE	Protéine	Chaux, 1999b
MAGE-A9	A2	ALSVMGVYV	Peptide	Oehlrich, 2005
MAGE-A10	A2	GLYDGMEHL	Tumeur autologue	Huang, 1999
	B53	DPARYEFLW	Poxvirus-DC	Chaux, 1999a
MAGE-A12	A2	FLWGPRALV	Peptide	van der Bruggen, 1994
	Cw7	VRIGHLYIL	Tumeur autologue	Heidecker, 2000 Panelli, 2000
	Cw7	EGDCAPEEK	Lentivirus-DC	Breckpot, 2004
	DP4	REPFTKAEMLGSVIR	Peptide	Wang, 2007
	DR13	AELVHFLLLKYRAR	Protéine	Chaux, 1999b
MAGE-C1	DQ6	SSALLSIFQSSPE	Peptide	Nuber, 2010
	DQ6	SFSYTLLSL	Peptide	Nuber, 2010
	DR15	VSSFFSYTL	Peptide	Nuber, 2010
MAGE-C2	A2	LLFGLALIEV	Tumeur autologue	Ma, 2004
	A2	ALKDVEERV	Tumeur autologue	Ma, 2004
	B44	SESIKKKVL	Tumeur autologue	Godelaine, 2007
mucin		PDTRPAPGSTAPPAHGVTSA	Lymphocytes B transféctés	Jerome, 1993
NA88-A	B13	QGQHFLQKV	TIL	Moreau-Aubry, 2000
NY-ESO-1 / LAGE-2	A2	SLLMWITQC	Tumeur autologue	Jager, 1998 Chen, 2000 Valmori, 2000
	A2	MLMAQEALAFL	Tumeur autologue	Aarnoudse, 1999

	A31	ASGPGGGAPR	Tumeur autologue	Wang, 1998
	A31	LAAQERRVPR	Tumeur autologue	Wang, 1998
	A68	TVSGNILTIR	Transfection par mRNA	Matsuzaki, 2008
	B7	APRGPHGGAASGL	Peptide	Ebert, 2009
	B35	MPFATPMEA	Tumeur autologue	Benlalam, 2003
	B49	KEFTVSGNILTI	Transfection par mRNA	Knights, 2009
	B51	MPFATPMEA	Adenovirus-APC	Jäger, 2002
	Cw3	LAMPFATPM	Adenovirus-PBMC	Gnjatic, 2000
	Cw6	ARGPESRLL	Adenovirus-PBMC	Gnjatic, 2000
	DP4	SLLMWITQCFLPVF	Peptide	Zeng, 2001
	DP4	LLEFYLAMPFATPMEAELARRSLAQ	Peptide	Mandic, 2005
	DR1	LLEFYLAMPFATPMEAELARRSLAQ	Peptide	Mandic, 2005
	DR1	EFYLAMPFATPM	Protéine	Chen, 2004
	DR1	PGVLLKEFTVSGNILTIRLTAADHR	Peptide	Ayyoub, 2010
	DR2	RLLEFYLAMPFA	Protéine	Chen, 2004
	DR3	QGAMLAAQERRVPRAAEVPR	Protéine	Slager, 2004a
	DR4	PFATPMEAELARR	Peptide	Mizote, 2010
	DR4	PGVLLKEFTVSGNILTIRLT	Peptide et protéine	Jager, 2000 Zarour, 2000
	DR4	VLLKEFTVSG	Peptide	Zeng, 2000
	DR4	AADHRQLQLSISSCLQQL	Protéine	Jager, 2000
	DR4	LLEFYLAMPFATPMEAELARRSLAQ	Peptide	Mandic, 2005
	DR52b	LKEFTVSGNILTIRL	Protéine	Bioley, 2009
	DR7	PGVLLKEFTVSGNILTIRLTAADHR	Peptide	Zarour, 2002
	DR7	LLEFYLAMPFATPMEAELARRSLAQ	Peptide	Mandic, 2005
	DR8	KEFTVSGNILT	Peptide	Mizote, 2010
	DR9	LLEFYLAMPFATPM	Peptide	Mizote, 2010
	DR15	AGATGGRGPRGAGA	Protéine	Hasegawa, 2006
SAGE	A24	LYATVIHDI	Peptide	Miyahara, 2005
Sp17	A1	ILDSSEEDK	Protéine	Chiriva-Internati, 2003
SSX-2	A2	KASEKIFYV	Tumeur autologue	Ayyoub, 2002
	DP1	EKIQKAFDDIAKYFSK	Peptide	Ayyoub, 2004

	DR3	WEKMKASEKIFYVYMKRK	Peptide	Ayyoub, 2005
	DR4	KIFYVYMKRKYEAMT	Peptide	Neumann, 2004
	DR11	KIFYVYMKRKYEAM	Protéine	Ayyoub, 2004
SSX-4	DP10	INKTSGPKRGKHAWTHRLRE	Peptide	Ayyoub, 2005
	DR3	YFSKKEWEKMKSSEKIVYVY	Peptide	Ayyoub, 2005
	DR8	MKLNYEVMTKLGFKVTLPPF	Peptide	Valmori, 2006
	DR8	KHAWTHRLRERKQLVVYEEI	Peptide	Valmori, 2006
	DR11	LGFKVTLPPFMRSKRAADFH	Peptide	Ayyoub, 2005
	DR15	KSSEKIVYVYMKLNYEVMTK	Peptide	Ayyoub, 2005
	DR52	KHAWTHRLRERKQLVVYEEI	Peptide	Valmori, 2006
TAG-1	A2	SLGWLFLLL	Peptide	Adair, 2008
	B8	LSRLSNRLL	Peptide	Adair, 2008
TAG-2	B8	LSRLSNRLL	Peptide	Adair, 2008
TRAG-3	DR1	CEFHACWPAFTVLGE	Peptide	Janjic, 2006
	DR4	CEFHACWPAFTVLGE	Peptide	Janjic, 2006
	DR7	CEFHACWPAFTVLGE	Peptide	Janjic, 2006
TRP2-INT2	A68	EVISCKLIKR	Tumeur autologue	Lupetti, 1998
XAGE-1b	DR9	CATWKVICKSCISQTPG	Tumeur autologue	Shimono, 2007

D'après http://www.cancerimmunity.org/peptidedatabase/Tcellepitopes.htm

ANNEXE 3: Antigènes de différentiation

Gène / protéine	Type de cancer	HLA	Peptide	Méthode de stimulation	Réferences
CEA	Cancer des intestins	A2	YLSGANLNL	Peptide	Tsang, 1995
		A2	IMIGVLVGV	Peptide	Kawashima, 199 8
		A2	GVLVGVALI	Peptide	Alves, 2007
		A3	HLFGYSWYK	Peptide	Kawashima, 199 9
		A24	QYSWFVNGTF	Peptide	Nukaya, 1999
		A24	TYACFVSNL	Peptide	Nukaya, 1999
		DR3	AYVCGIQNSVSANRS	Peptide	Crosti, 2006
		DR4	DTGFYTLHVIKSDLVNE EATGQFRV	Peptide	Shen, 2004
		DR4	YSWRINGIPQQHTQV	Peptide	Ruiz, 2004
		DR7	TYYRPGVNLSLSC	Peptide	Crosti, 2006
		DR7	EIIYPNASLLIQN	Peptide	Crosti, 2006
		DR9	YACFVSNLATGRNNS	Peptide	Kobayashi, 2002
		DR1 1	LWWVNNQSLPVSP	Peptide	Campi, 2003
		DR1 3	LWWVNNQSLPVSP	Peptide	Campi, 2003
		DR1 4	LWWVNNQSLPVSP	Peptide	Campi, 2003
		DR1 4	EIIYPNASLLIQN	Peptide	Crosti, 2006
		DR1 4	NSIVKSITVSASG	Peptide	Crosti, 2006
gp100 / Pmel17	mélanome	A2	KTWGQYWQV	Tumeur autologue	Bakker, 1995 Kawakami, 1995
		A2	(A)MLGTHTMEV	Peptide	Tsai, 1997
		A2	ITDQVPFSV	Tumeur autologue	Kawakami, 1995
		A2	YLEPGPVTA	Tumeur autologue	Cox, 1994
		A2	LLDGTATLRL	Tumeur autologue	Kawakami, 1994 a
		A2	VLYRYGSFSV	Tumeur autologue	Kawakami, 1995
		A2	SLADTNSLAV	Peptide	Tsai, 1997
		A2	RLMKQDFSV	Tumeur autologue	Kawakami, 1998
		A2	RLPRIFCSC	Tumeur	Kawakami, 1998

				autologue	
		A3	LIYRRRLMK	Tumeur autologue	Kawakami, 1998
		A3	ALLAVGATK	Tumeur autologue	Skipper, 1996
		A3	IALNFPGSQK	Peptide	Kawashima, 1998
		A3	ALNFPGSQK	Peptide	Kawashima, 1998
		A11	ALNFPGSQK	Peptide	Kawashima, 1998
		A24	VYFFLPDHL	Tumeur autologue	Robbins, 1997
		A32	RTKQLYPEW	Tumeur autologue	Vigneron, 2004
		A68	HTMEVTVYHR	Tumeur autologue	Sensi, 2002
		B7	SSPGCQPPA	Tumeur autologue	Lennerz, 2005
		B35	VPLDCVLYRY	Tumeur autologue	Benlalam, 2003
		B35	LPHSSSHWL	Tumeur autologue	Vigneron, 2005
		Cw8	SNDGPTLI	Tumeur autologue	Castelli, 1999
		DQ6	GRAMLGTHTMEVTVY	Peptide	Kobayashi, 2001
		DR4	WNRQLYPEWTEAQRLD	Peptide	Touloukian, 2000
		DR7	TTEWVETTARELPIPEPE	Protéine	Parkhurst, 2004
		DR7	TGRAMLGTHTMEVTVYH	Retrovirus - DC	Lapointe, 2001
		DR53	GRAMLGTHTMEVTVY	Peptide	Kobayashi, 2001
Kallikrein 4	Cancer de la prostate	DP4	SVSESDTIRSISIAS	Peptide	Hural, 2002
		DR4	LLANGRMPTVLQCVN	Peptide	Hural, 2002
		DR7	RMPTVLQCVNVSVVS	Peptide	Hural, 2002
mammaglobin-A	Cancer du sein	A3	PLLENVISK	Peptide	Jaramillo, 2002
Melan-A / MART-1	mélanome	A2	(E)AAGIGILTV	Tumeur autologue	Kawakami, 1994
		A2	ILTVILGVL	Tumeur autologue	Castelli, 1995
		B35	EAAGIGILTV	Tumeur autologue	Benlalam, 2003
		B45	AEEAAGIGIL(T)	Tumeur autologue	Schneider, 1998
		Cw7	RNGYRALMDKS	Peptide	Larrieu, 2008

		DQ6	EEAAGIGILTVI	Peptide	Bioley, 2006
		DR1	AAGIGILTVILGVL	Peptide	Bioley, 2006
		DR1	APPAYEKLpSAEQ	Peptide	Depontieu, 2009
		DR3	EEAAGIGILTVI	Peptide	Bioley, 2006
		DR4	RNGYRALMDKSLHVGT QCALTRR	Peptide	Zarour, 2000
		DR1 1	MPREDAHFIYGYPKKGH GHS	Peptide	Godefroy, 2006
		DR5 2	KNCEPVVPNAPPAYEKL SAE	Peptide	Godefroy, 2006
NY-BR-1	Cancer du sein	A2	SLSKILDTV	Peptide	Wang, 2006
OA1	melanoma	A24	LYSACFWWL	Peptide	Touloukian, 200 3
PAP	Cancer de la prostate	A2	FLFLLFFWL	Peptide	Olson, 2010
		A2	TLMSAMTNL	Peptide	Olson, 2010
		A2	ALDVYNGLL	Peptide	Olson, 2010
PSA	Cancer de la prostate	A2	FLTPKKLQCV	Peptide	Correale, 1997
		A2	VISNDVCAQV	Peptide	Correale, 1997
RAB38 / NY-MEL-1	mélanome	A2	VLHWDPETV	Peptide	Walton, 2006
TRP-1 / gp75	mélanome	A31	MSLQRQFLR	Tumeur autologue	Wang, 1996a
		DR4	ISPNSVFSQWRVVCDSL EDYD	Peptide	Touloukian, 200 2
		DR1 5	SLPYWNFATG	Tumeur autologue	Robbins, 2002
TRP-2	mélanome	A2	SVYDFFVWL	Peptide	Parkhurst, 1998
		A2	TLDSQVMSL	Peptide	Noppen, 2000
		A31	LLGPGRPYR	Tumeur autologue	Wang, 1996b Wang, 1998
		A33	LLGPGRPYR	Tumeur autologue	Wang, 1998
		Cw8	ANDPIFVVL	Tumeur autologue	Castelli, 1999
		DR3	QCTEVRADTRPWSGP	Peptide	Paschen, 2005
		DR1 5	ALPYWNFATG	Tumeur autologue	Robbins, 2002
tyrosinase	mélanome	A1	KCDICTDEY	Tumeur autologue	Kittlesen, 1998
		A1	SSDYVIPIGTY	Tumeur autologue	Kawakami, 1998

	A2	MLLAVLYCL	Tumeur autologue	Wolfel, 1994
	A2	CLLWSFQTSA	Peptide	Riley, 2001
	A2	YMDGTMSQV	Tumeur autologue	Wolfel, 1994 Skipper, 1996
	A24	AFLPWHRLF	Tumeur autologue	Kang, 1995
	A26	QCSGNFMGF	Tumeur autologue	Lennerz, 2005
	B35	TPRLPSSADVEF	Tumeur autologue	Benlalam, 2003
	B35	LPSSADVEF	Tumeur autologue	Morel, 1999
	B38	LHHAFVDSIF	Tumeur autologue	Lennerz, 2005
	B44	SEIWRDIDF	Tumeur autologue	Brichard, 1996
	DR4	QNILLSNAPLGPQFP	Tumeur autologue	Topalian, 1996
	DR4	SYLQDSDPDSFQD	Tumeur autologue	Topalian, 1996
	DR15	FLLHHAFVDSIFEQWLQRHRP	Tumeur autologue	Kobayashi, 1998

D'après http://www.cancerimmunity.org/peptidedatabase/Tcellepitopes.htm

ANNEXE 4: Antigènes surexprimés

Gène	Tissu	HLA	Peptide	Méthode de stimulation	Références
adipophilin	adipocytes, macrophages	A2	SVASTITGV	Peptide	Schmidt, 2004
AIM-2	ubiquitaire (faible)	A1	RSDSGQQARY	Tumeur autologue	Harada, 2001
ALDH1A1	mucose, keratinocytes	A2	LLYKLADLI	Peptide	Visus, 2007
BCLX (L)	ubiquitaire (faible)	A2	YLNDHLEPWI	Peptide	Sorensen, 2007
BING-4	ubiquitaire (faible)	A2	CQWGRLWQL	anti-CD3	Rosenberg, 2002
CALCA	thyroïde	A2	VLLQAGSLHA	Tumeur autologue	El Hage, 2008
CPSF	ubiquitaire (faible)	A2	KVHPVIWSL	Tumeur autologue	Maeda, 2002
		A2	LMLQNALTTM	Tumeur autologue	Maeda, 2002
cyclin D1	ubiquitaire (faible)	A2	LLGATCMFV	Peptide	Kondo, 2008
		DR4	NPPSMVAAGSVVAAV	Peptide	Dengjel, 2004
DKK1	testicule, prostate, cellule souche mesenchymal	A2	ALGGHPLLGV	Peptide	Qian, 2007
ENAH (hMena)	sein, prostate stroma and epithelium du colon-rectum, pancreas, endometrium	A2	TMNGSKSPV	Peptide	Di Modugno, 2004
Ep-CAM	Cellules épithéliales	A24	RYQLDPKFI	Peptide	Tajima, 2004
EphA3		DR11	DVTFNIICKKCG	Tumeur autologue	Chiari, 2000
EZH2	ubiquitaire (faible)	A2	FMVEDETVL	Peptide	Itoh, 2007
		A2	FINDEIFVEL	Peptide	Itoh, 2007
		A24	KYDCFLHPF	Peptide	Ogata, 2004
		A24	KYVGIEREM	Peptide	Ogata, 2004
FGF5	sein, rein	A3	NTYASPRFK	Tumeur autologue	Hanada, 2004
G250 / MN / CAIX	estomac, foie, pancreas	A2	HLSTAFARV	Peptide	Vissers, 1999
HER-2 / neu	ubiquitaire (faible)	A2	KIFGSLAFL	Tumeur autologue	Fisk, 1995

		A2	IISAVVGIL	Peptide	Brossart, 1998
		A2	ALCRWGLLL	Peptide	Kawashima, 1998
		A2	ILHNGAYSL	Peptide	Kawashima, 1998
		A2	RLLQETELV	Peptide	Rongcun, 1999
		A2	VVLGVVFGI	Peptide	Rongcun, 1999
		A2	YMIMVKCWMI	Peptide	Rongcun, 1999
		A2	HLYQGCQVV	Peptide	Scardino, 2001
		A2	YLVPQQGFFC	Peptide	Scardino, 2001
		A2	PLQPEQLQV	Peptide	Scardino, 2002
		A2	TLEEITGYL	Peptide	Scardino, 2002
		A2	ALIHHNTHL	Peptide	Scardino, 2002
		A2	PLTSIISAV	Peptide	Scardino, 2002
		A3	VLRENTSPK	Peptide	Kawashima, 1999
		A24	TYLPTNASL	Peptide	Okugawa, 2000
IDO1	Ganglion lymphatique, placenta, beaucoup de cellules au cours de la réponse inflammatoire	A2	ALLEIASCL	Peptide	Sorensen, 2009
IL13 Ralpha2		A2	WLPFGFILI	Peptide	Okano, 2002
Intestinal carboxyl esterase	foie, intestin, rein	B7	SPRWWPTCL	Tumeur autologue	Ronsin, 1999
α-foetoprotein	foie	A2	GVALQTMKQ	Adenovirus-DC	Butterfield, 1999
		A2	FMNKFIYEI	Peptide	Pichard, 2008
		DR13	QLAVSVILRV	Peptide	Alisa, 2005
M-CSF	foie, rein	B35	LPAVVGLSPGEQEY	Tumeur autologue	Probst-Kepper, 2001
MCSP	Cellules endothéliales, chondrocytes, cellules des muscles lisses	DR11	VGQDVSVLFRVTGALQ	Peptide	Erfurt, 2007
mdm-2	Ubiquitaire (sein, muscle, poumon)	A2	VLFYLGQY	APC stimulés par lysat tumoral	Asai, 2002

Meloe	ubiquitaire (faible)	A2	TLNDECWPA	TIL	Godet, 2008
MMP-2	ubiquitaire	A2	GLPPDVQRV	Tumeur autologue	Godefroy, 2005
MMP-7	ubiquitaire (faible)	A3	SLFPNSPKWTSK	Peptide	Yokoyama, 2008
MUC1	Epithélium glandulaire	A2	STAPPVHNV	Peptide	Brossart, 1999
		A2	LLLLTVLTV	Peptide	Brossart, 1999
		DR3	PGSTAPPAHGVT	Peptide	Hiltbold, 1998
p53	ubiquitaire (faible)	A2	LLGRNSFEV	Peptide	Ropke, 1996
		A2	RMPEAAPPV	Peptide	Barfoed, 2000
		B46	SQKTYQGSY	Tumeur autologue	Azuma, 2003
		DP5	PGTRVRAMAIYKQ	Peptide	Fujita, 1998
		DR1 4	HLIRVEGNLRVE	Peptide	Fujita, 1998
PAX5	Système hémopoïétiqu e	A2	TLPGYPPHV	Peptide	Yan, 2008
PBF	ovaire, pancreas, rate, foie	B55	CTACRWKKACQR	Tumeur autologue	Tsukahara, 2004
PRAME	testicule, ovaire, endomètre, les glandes surrénales	A2	VLDGLDVLL	Peptide	Kessler, 2001
		A2	SLYSFPEPEA	Peptide	Kessler, 2001
		A2	ALYVDSLFFL	Peptide	Kessler, 2001
		A2	SLLQHLIGL	Peptide	Kessler, 2001
		A24	LYVDSLFFL	Tumeur autologue	Ikeda, 1997
PSMA	prostate, foie	A24	NYARTEDFF	Peptide	Horiguchi, 2002
RAGE-1	retine	A2	LKLSGVVRL	Peptide	Oehlrich, 2005
		A2	PLPPARNGGL	Peptide	Oehlrich, 2005
		B7	SPSSNRIRNT	Tumeur autologue	Gaugler, 1996
RGS5	cœur, le muscle squelettique, pericytes	A2	LAALPHSCL	Peptide	Boss, 2007
		A3	GLASFKSFLK	Peptide	Boss, 2007
RhoC	ubiquitaire (faible)	A3	RAGLQVRKNK	Peptide	Wenandy, 2008
RNF43		A2	ALWPWLLMA(T)	Peptide	Uchida, 2004
		A24	NSQPVWLCL	Peptide	Uchida, 2004
RU2AS	testicule, rein, vessie	B7	LPRWPPPQL	Tumeur autologue	Van Den Eynde, 1999

secernin 1	ubiquitaire	A2	KMDAEHPEL	Peptide	Suda, 2006
SOX10	ubiquitaire (faible)	A2	AWISKPPGV	TIL	Khong, 2002
		A2	SAWISKPPGV	TIL	Khong, 2002
STEAP1	prostate	A2	MIAVFLPIV	Peptide	Rodeberg, 2005
		A2	HQQYFYKIPILVINK	Peptide	Kobayashi, 2007
survivin	ubiquitaire	A2	ELTLGEFLKL	Peptide / protéine	Schmitz, 2000 Schmidt, 2003
Telomerase	testicule, thymus, moelle osseuse, ganglion lymphatique	A2	ILAKFLHWL	Peptide	Vonderheide, 1999
		A2	RLVDDFLLV	Peptide	Minev, 2000
		DR7	RPGLLGASVLGLDDI	Peptide	Schroers, 2002
		DR11	LTDLQPYMRQFVAHL	Peptide	Schroers, 2003
VEGF	ubiquitaire (faible)	B27	SRFGGAVVR	Peptide	Weinzierl, 2008
WT1	testicule, ovaire, moelle osseuse, rate	A1	TSEKRPFMCAY	Peptide	Asemissen, 2006
		A24	CMTWNQMNL	Peptide	Ohminami, 2000
		DP5	LSHLQMHSRKH	Peptide	Guo, 2005
		DR4	KRYFKLSHLQMHSRKH	Peptide	Fujiki, 2007

D'après http://www.cancerimmunity.org/peptidedatabase/Tcellepitopes.htm

www.ingramcontent.com/pod-product-compliance
Lightning Source LLC
Chambersburg PA
CBHW021037210326
41598CB00016B/1052
* 9 7 8 3 8 3 8 1 7 8 4 4 8 *